フィールドの生物学―⑤

共生細菌の世界

したたかで巧みな宿主操作

成田聡子 著

東海大学出版会

Discoveries in Field Work No.5
A world of symbionts
-manipulators of host biology

Satoko NARITA
Tokai University Press, 2011
Printed in Japan
ISBN978-4-486-01844-5

口絵３　実験室内でのキタキチョウの産卵風景.

口絵１　近所の草原で見つけたキタキチョウ．キチョウは南西諸島にしか存在しない.

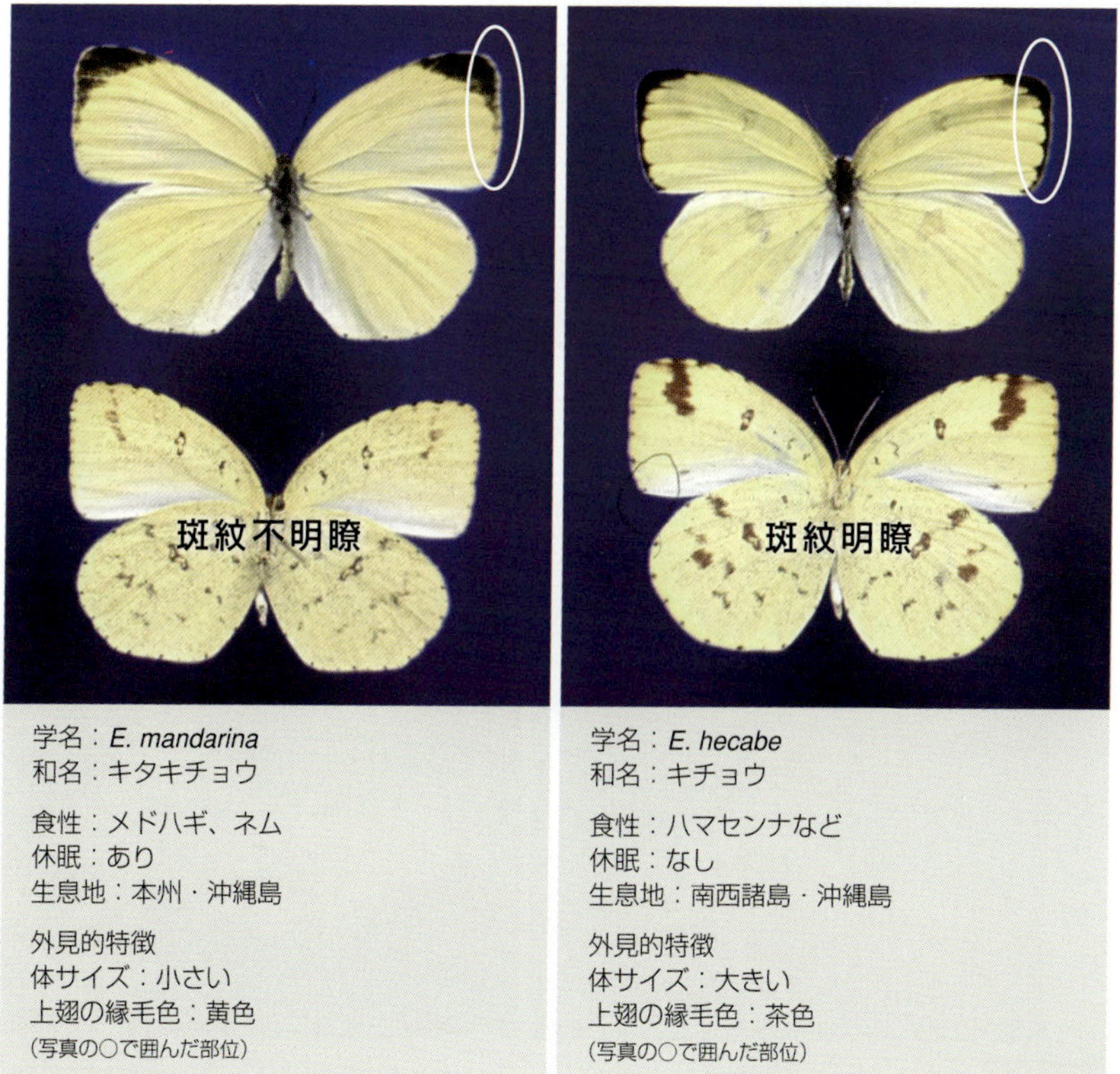

学名：*E. mandarina*
和名：キタキチョウ

食性：メドハギ、ネム
休眠：あり
生息地：本州・沖縄島

外見的特徴
体サイズ：小さい
上翅の縁毛色：黄色
（写真の○で囲んだ部位）

学名：*E. hecabe*
和名：キチョウ

食性：ハマセンナなど
休眠：なし
生息地：南西諸島・沖縄島

外見的特徴
体サイズ：大きい
上翅の縁毛色：茶色
（写真の○で囲んだ部位）

口絵２　キタキチョウとキチョウの違い.

口絵４　蛹の殻の中で完全に成虫の体ができ動いているにも関わらず、自力で羽化できないチョウ.

口絵５　抗生物質処理をおこなった個体は飛翔能力がなく奇形となった．写真の個体は翅が奇妙にねじれており、長い時間枝につかまっていることもできなかった．写真右が処理個体(奇形)、左が通常メス.

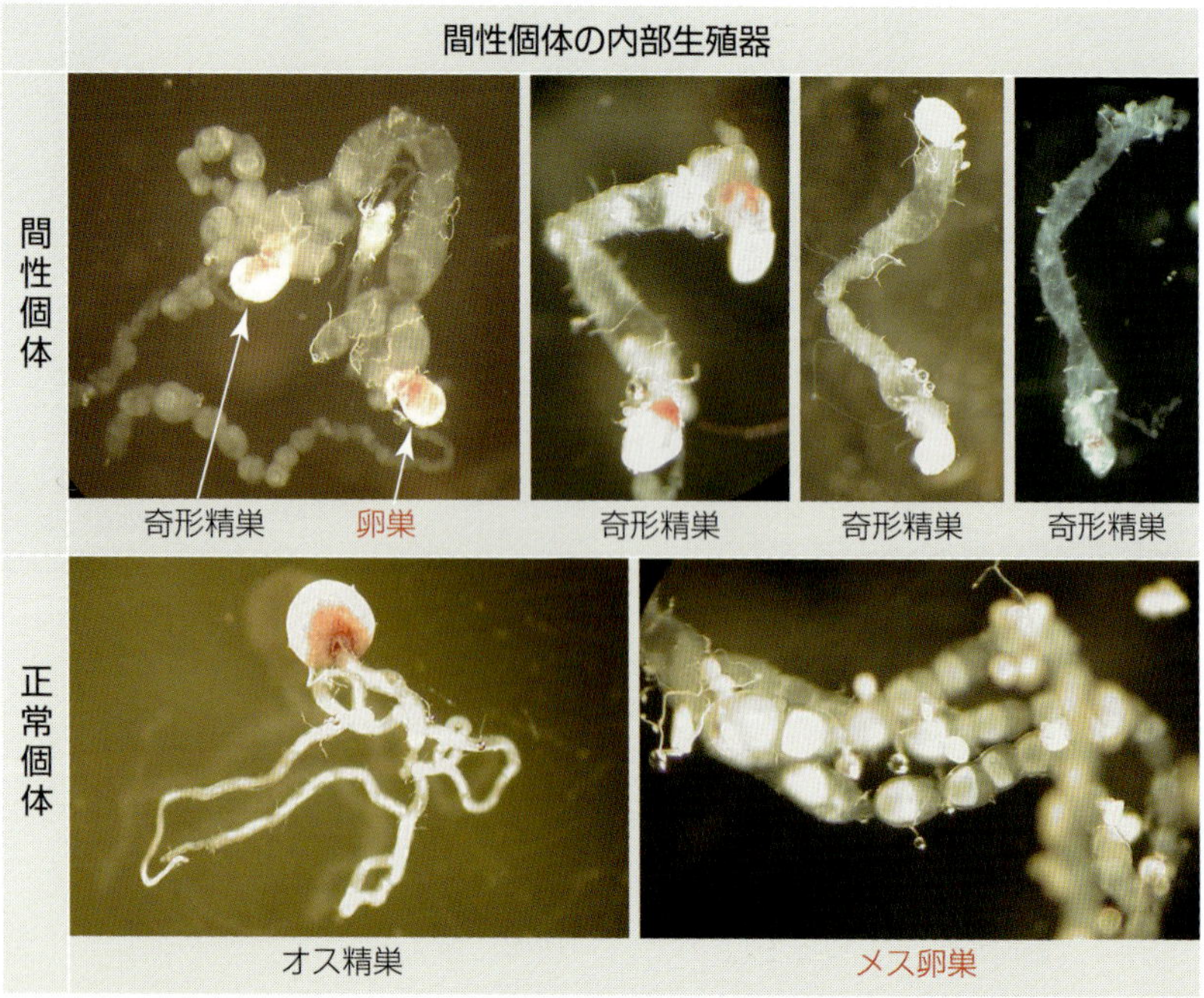

口絵６　抗生物質処理区ではオスとメスの生殖臓器を同時にもった“間性個体”が多く出現した.

はじめに

生物はすべて利己的である。「利己的」の意味を辞書で引くと、「自己の利益を重視し、他者の利益を軽視、無視する考え方」とある。このような考え方は人間社会においては、後にも先にも良しとされてきたことなどなく、他人を出し抜いて自分だけの利益を追求することなど心の貧しい人間のすることで、恥ずべきことであるとされている。しかし、生物はそれが生まれた瞬間から完全に利己的にあり続け、周りを蹴落としても自分と自分の遺伝子をもった子孫が生き残れるように進化し続けてきた。

では、共生はどうか。多くの人は「共生」という言葉に対しては良い心象をもっており、生物がお互い協力して助け合って生きているような健気で微笑ましい状態のことをさしていると思っている。しかし、生物学的な共生の意味は単に「複数種の生物が同所的に生活する現象」をさしており、そこに利己的・利他的な関係や協力関係などの意味は含まれていない。つまり、共生関係を築いている生物は他の生物をひたすら撥ね退けて利己的に生き残り続けようとした結果、「共生」という手段が好都合だったわけである。生物同士の共生関係は脊椎動物をはじめ植物や菌類を含む地球上のあらゆる生物種で知られており、他の生物との共生関係がないままで、生涯をまっとうすることができる生物の方が少ない。

私は卒業論文のテーマで、チョウとそのチョウの細胞に存在する細菌の共進化について扱っていらい、生物同士が共生することによってみられる相互作用や共進化に興味をもって、これまで研究を続けてきた。大学四年生で研究室に配属になってから、もう八年が過ぎようとしている。大学の四年の一年間、博士号を取得するまでの大学院生の五年間、そしてポストドクターの二年間。なんと、長いのだろうか。大学と大学院だけで、九年間も通っている。九年間といえば、学校に入ったばかりの小学校一年生が中学校を卒業して、高校生の若者になってしまうような年月である。しかし、研究をおこなうことにはそれだけの年月をかけるだけの価値はあると感じる。とくに、研究室に配属になり、大学院に進んで研究に打ち込んだ六年間は、今思い出しても感慨深い。私はずっと害虫防除に関する研究を扱う研究室に所属していたため、自分の研究テーマは農業や人類の生活に何の役にも立たないことを当初から薄々感じていたし、人類の役に立つ研究がもてはやされている現実も目の当たりにしてきた。科学とはそもそも人間の役に立つものでなければ意味がないのか。役に立つめどが立たない生物の不思議を解明することは意味などないのか。では、自分は何のために研究しているのか。自分は何をめざして研究しているのか。大学院の頃は、そんな思考が暴走して突き詰めれば突き詰めるほど苦しくなり、また、思ったように研究を進ませることができない自分に嫌気がさし、ぐったりとしたことが何度もあった。しかし、国内外のさまざまな分野の研究者と交流し、科学や研究について話し合うことで多くの研究者が私と同じような疑問に心を悩ませていることを知り、また、そのような思考の交流から私は自分なりに納得のいく答えを見つけようとしてきた。

この本では、最初に私の専門分野である昆虫の共生細菌を中心に研究例を紹介し、その後、私のおこなってきた共生細菌の研究について、また研究内容だけでなく歓喜と挫折と迷いが入り混じった生活などについて紹介していきたいと思う。

目次

はじめに　iii

第1章　仁義なき内部共生の世界　1
内部共生微生物とは？　4
新しい宿主への移動戦略　5
共生微生物に頼り切る虫たち　9
アブラムシに必須な細菌ブフネラ／細菌カプセルを自作するカメムシ／強くてしぶといゴキブリの秘密
栄養不足の吸血バエの助っ人／寄生虫を殺すと病状が激化
コラム　肥満を決める腸内細菌　15
コラム　海藻を消化できるのは日本人だけ!?　16
ちょっとお得な共生　18
宿主の娘だけが大切なわけ　18
未交尾でも娘を産めるようになる宿主
コラム　オスがいらない単為生殖の不思議　20
宿主の息子を娘に性転換

息子を殺される宿主　23
感染オスに仕込まれた罠　24

第2章　共生細菌の研究をはじめて　27

ありがちな思春期　28
イライラ中学生／楽しくなってきた高校時代／無気力な大学生活
卒業研究との出会い　33
予想外の実験結果　35
コラム　ミトコンドリアDNAと系統推定　39
論文の難解な英語　40
不可解な系統関係の原因　41
ボルバキアは何をしていたか？　42

第3章　研究結果が得られたら　51

研究を発表しておくわけ　52
学会に参加してみる　53
コラム　韓国済州島での調査　55

国内での学会発表　58
難航する論文書き　59
研究論文のたどる道のり／ボロ論文からの改良
コラム　論文執筆中のくせ　63
もっと身近に研究を　64

第4章　性転換するチョウ　69

二重感染のチョウ　70
コラム　共生細菌を調べる方法　72
メスだらけの島　73
メスしか産まないチョウ　77
コラム　蝶の人工餌　79
なぜ娘ばかりなのか　801
感染パターンの地理的分布　84

第5章　細菌死が引き起こす宿主奇形　89

細胞ごとにオスとメスがある　90

共生細菌が消えると死ぬ！？　91
生き残ったチョウは奇形　94
オスでもメスでもないチョウ　95
蛹大量死の謎　98

第6章　オスでもメスでもない個体の細胞内　101

オスとメスの決まり方　102
見つからない遺伝子　103
コラム　研究用語は妖しい響き!?　106
性転換個体の遺伝子発現　108
コラム　スプライシングとは?　111
間性個体の遺伝子発現　112
互いの存続をかけた駆け引き　115

第7章　研究を自分の中でどう捉えるか　119

学生でも給料と研究費を　120
驚きに満ちた共生の世界　122

哲学の博士と呼ばれるわけ 124
応用と基礎という研究の分け方 125
サイエンスとテクノロジーの違い 128
職業としての研究 130
あとがき 133
参考図書 137

第1章

仁義なき内部共生の世界

「はじめに」の部分で、生物学的な「共生（symbiosis）」の意味は単に「複数種の生物が同所的に生活する現象」をさしており、そこに利己的・利他的な関係や協力関係などの意味は含まれていない。などと偉そうに言いきった私であるが、大学生の頃は「共生」と言うと「相利共生（Mutualism）」つまり、「同じ種内で双方が利益を得るような関係、協力関係」のことをさすと思っていた。それは、マスメディアなどによって植えつけられたイメージだったかもしれない。悪意があるかどうかは別にしても、マスメディアはいつの時代も聴衆に間違ったあるいは偏ったイメージを植えつけることがよくある。生物の世界を紹介したテレビ番組などでは、生物が互いに協力しあいながら懸命に生きる例をあげ、これがまさに「共生」だと言わんばかりの構成にしており、さらに気持ちの悪い寄生虫と人間の関係をとりあげて、これがとてもずるい寄生虫でこういう関係をとても怖い「寄生」だと聴衆の脳に刷り込むような構成にしてあるのを今まで何度も目にしたことがある。しかし、生物学的に言えば、そのどちらもが「共生」である。

生物間の共生関係は、人間を含む哺乳類・魚類・鳥類などの脊椎動物をはじめ、植物、菌類、昆虫類など種間を超えてあらゆる生物間で築かれている。マメと根粒菌（こんりゅうきん）との関係や、クマノミとイソギンチャクとの共生関係は共生の例として有名である。クローバなどのマメ科植物を根ごと引き抜いてみれば植物の根に根粒菌がつき丸い粒を作っているのが簡単に見ることができる。パッと見それは、根の一部のようであるが、その丸い粒が根粒菌という細菌の集まりである（図1・1）。根粒菌は大気中の窒素を変換し、宿主であるマメ科植物へ栄養を供給する。根粒菌にとっては、宿主である植物から根粒に光合成産物[*1]が供給される。このようにしてマメ科植物と根粒菌の間には、相利的な共生関係が成立している。

オレンジと白の縞模様のキレイな魚クマノミは、イソギンチャクの刺胞に免疫をもつため、イソギンチャクを棲み家として外敵から身を守っている(図1・2)。少し前に、クマノミが主人公のアニメ映画が大ヒットしたが、映画の中でもクマノミとイソギンチャクの共生がきちんと描かれていて少し嬉しかったのを覚えている。

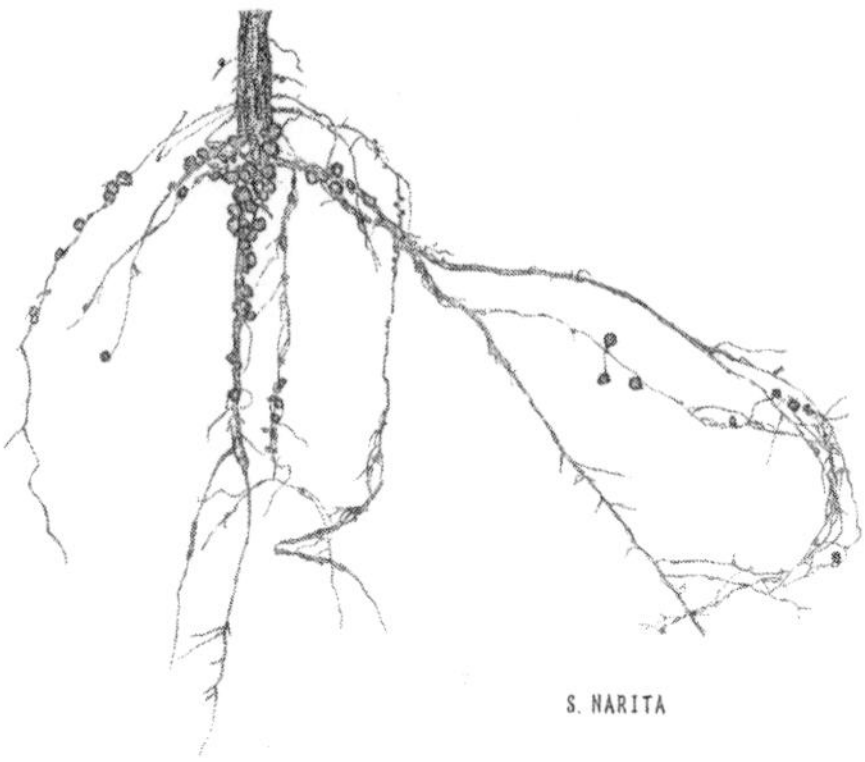

図1・1　マメ科植物の根に根粒を作り、その中で共生して植物に栄養を与える根粒菌. 丸い粒の一つひとつが根粒.

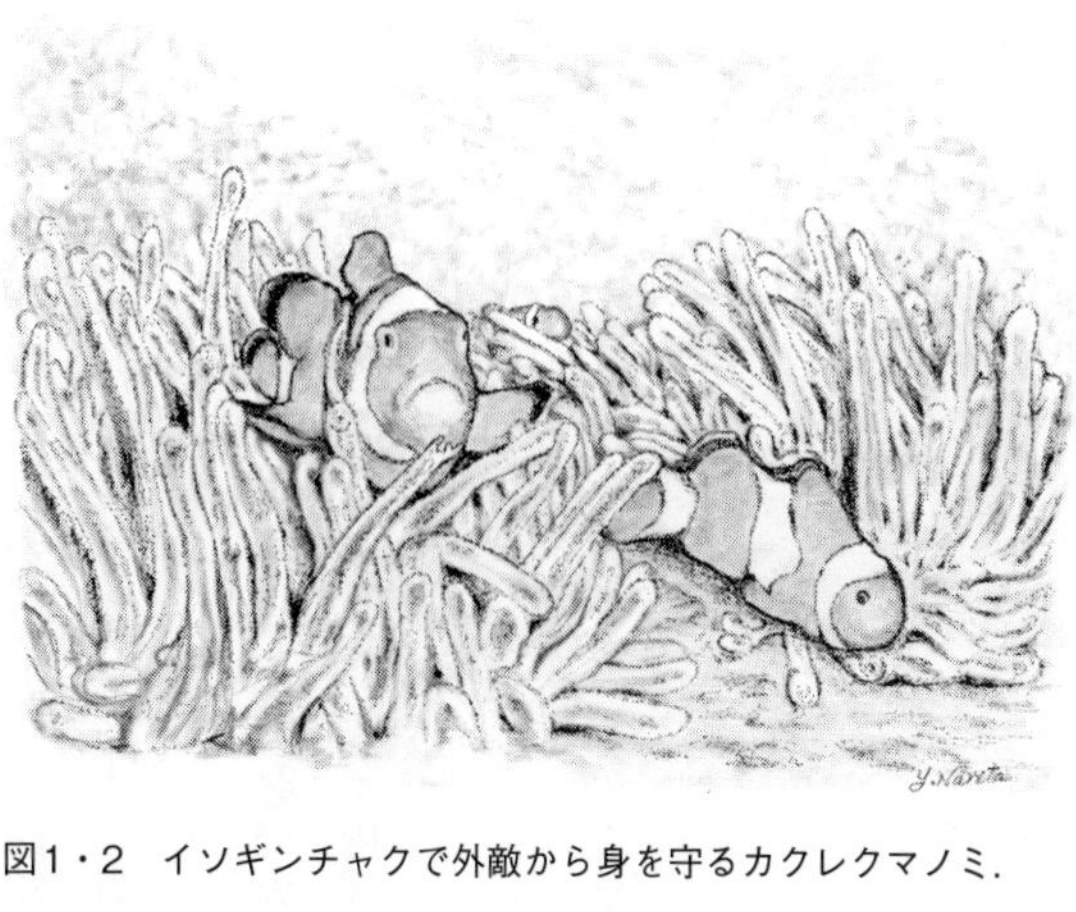

図1・2　イソギンチャクで外敵から身を守るカクレクマノミ.

共生関係はその関係を築く場所によって大きく二種類にわけることができる。宿主の細胞内や体内など生物の内部で共生するような関係を「内部共生」と言い、根粒菌や人の皮膚の常在菌(じょうざいきん)のように宿主の外側の表面などに付着しているような共生関係を「外部共生」と呼ぶ。

私がおもに研究してきたのは、昆虫における内部共生関係である。昆虫の内部共生についての研究分野は、ここ二〇年間に飛躍的な前進を遂げた分野である。この章では、近年になって躍進した昆虫の内部共生における研究の概論について紹介していく。

＊(1) 光合成産物：その名の通り光合成によってつくられる炭水化物 ($C_6H_{12}O_6$)。そのほとんどがデンプンかショ糖である。

内部共生微生物とは？

内部共生微生物 (endosymbionts) とは、宿主の体内、おもに細胞内で生きている微生物や細菌のことである。宿主体内でたいへん親密な関係を築いているこのような内部共生微生物はその特異な生活様式ゆえに、宿主から切り離して培養することが困難である。そのため、二〇年ほど前までは実験室内で培養が簡単におこなえる大腸菌などを扱った研究に比べると、ほとんど研究が進んでいなかった。

しかし、近年、分子生物学的な実験方法が進歩した結果、培養をおこなえなくとも微生物の同定や検出が可能になり、内部共生微生物の研究が急に前進したのである。宿主の体内で一生を終える微生物は、宿主と密接な相互関係を築いている場合が多い。内部共生微生物は、感染した宿主に対してさまざまな影響や効果を与える。たとえば、宿主をその天敵から身を守りやすくさせたり、宿主の生殖効率を上げたり、繁殖方法さえも変革させる。そのような効果を宿主に与えることによって、自分の宿主が共生微生物をもたない他の個体よりも集団中で有利に存在し続けるよう働きかけている。最近の研究によって明らかになってきたその詳細な事例については、この後で紹介していこうと思うが、紹介する事例以外でも宿主の得になるよう働きかける共生細菌の例（表1・1）と宿主の生殖を操作する共生細菌の例（表1・2）をまとめているので、そちらも興味のある方は合わせてご覧いただきたい。

新しい宿主への移動戦略

共生微生物に限らず生物は皆そうだが、自分の遺伝子を載せた子孫を繁栄させるため、効果的な方法を模索し、子孫を残していく。内部共生微生物の場合、宿主なしの単独では生きていけないことが多く、宿主が死んでしまう前に自分の子孫を他の宿主に移動させる必要がある。宿主から宿主への移動（伝播）は、共生細菌にとって生死を分ける重大な行動であり、その効果を最大にするためにそれぞれ工夫をこらしている。

宿主から宿主に伝播する方法は、大きく分けて「水平感染」と「垂直伝播（遺伝）」がある。水平感染とは、

表1・1 相利共生微生物の例

内部共生微生物（門あるいは綱）	宿主（目）	宿主（種）	表現型，効果，その他	文献
Buchnera aphidicola (γ-Proteobacteria)	カメムシ目	*Acyrthosiphon pisum*（エンドウヒゲナガアブラムシ）	一次共生（宿主に必須アミノ酸とリボフラビンを供給）	Shigenobu et al, 2000
Serratia symbiotica (γ-Proteobacteria)	カメムシ目	*Acyrthosiphon pisum*（エンドウヒゲナガアブラムシ）	二次共生（高温耐性／Buchneraの肩代わりが可能）	Montllor et al, 2002: Koga et al, 2003
Regiella insecticola (γ-Proteobacteria)	カメムシ目	*Acyrthosiphon pisum*（エンドウヒゲナガアブラムシ）	二次共生（食草の拡大／病原性真菌に対する抵抗性）	Tsuchida et al, 2004; Scarborough et al, 2005
Hamiltonella defensa (γ-Proteobacteria)	カメムシ目	*Acyrthosiphon pisum*（エンドウヒゲナガアブラムシ）	二次共生（寄生蜂に対する抵抗性）	Oliver et al, 2003; 2005
Rickettsia sp. (α-Proteobacteria)	カメムシ目	*Acyrthosiphon pisum*（エンドウヒゲナガアブラムシ）	二次共生	Sakurai et al, 2005
Spiroplasma sp. (Mollicutes)	カメムシ目	*Acyrthosiphon pisum*（エンドウヒゲナガアブラムシ）	二次共生	Fukatsu et al, 2001
酵母様微生物	カメムシ目	*tribe Cerataphidini* (e.g. Astegopteryx styraci) (aphid)	一次共生	Fukatsu & Ishikawa, 1992
Ishikawaella capsulata (γ-Proteobacteria)	カメムシ目	*Megacopta punctatissima*（マルカメムシ）	一次共生（カプセルを通じて母子伝播／食草の拡大）	Hosokawa et al, 2006, 2007
Carsonella ruddii (γ-Proteobacteria)	カメムシ目	*Pachypsylla venusta*（キジラミ）	一次共生（細菌として最小のゲノムサイズ）	Nakabachi et al, 2006
Rhodococcus rhodnii (Actinobacteria)	カメムシ目	*Rhodnius prolixus*（サシガメ）	一次共生	Durvasula et al, 2003
酵母様微生物 (Pyrenomycetes)	カメムシ目	*Nilaparvata lugens*（トビイロウンカ）	一次共生（尿酸を栄養に変換）	Noda, 1974; Noda et al, 1995;Sasaki et al, 1996; Hongoh & Ishikawa, 1997
Blattabacterium sp. (Cytophaga/Flexibacter/Bacteroides)	ゴキブリ目	*Nocticola* 属以外の多くのゴキブリ	一次共生	Bandi et al, 1994; Lo et al, 2003, 2007
Blattabacterium sp.	ゴキブリ目	*Mastotermes darwiniensis*（シロアリ）	一次共生	Bandi et al, 1995; Lo et al, 2003
SOPE (γ-Proteobacteria)	コウチュウ目	*Sitophilus oryzae*（ゾウムシ）	一次共生	Heddi et al, 1998
Wigglesworthia spp. (γ-Proteobacteria)	ハエ目	*Glossina*（ツェツェバエ）	一次共生	Aksoy et al, 1995, 1997
Sodalis glossinidius (γ-Proteobacteria)	ハエ目	*Glossina*（ツェツェバエ）	二次共生	Aksoy et al, 1995, 1997
Riesia pediculicola (γ-Proteobacteria)	シラミ目	*Pediculus humanus*（コロモジラミ）／ *Pediculus capitis*（アタマジラミ）	一次共生	Sasaki-Fukatsu et al, 2006
Columbicola columbae (γ-Proteobacteria)	シラミ目	*Columbicola columbae*（ハトナガハジラミ）	一次共生	Fukatsu et al, 2007

表1・2 宿主の生殖を操作する共生微生物の例

内部共生微生物（門あるいは綱）	宿主（目）	宿主（種）	表現型／効果	文献
Wolbachia pipientis (α-Proteobacteria)	ハエ目	*Drosophila bifasciata*（フタスジショウジョウバエ）	初期型オス殺し	Ikeda, 1970; Hurst et al, 2000
Spiroplasma poulsonii (Mollicutes)	ハエ目	*Drosophila willistoni species group*（ショウジョウバエの1種）	初期型オス殺し	Williamson et al, 1999
Wolbachia pipientis	コウチュウ目	*Adalia bipunctata*（フタモンテントウ）	初期型オス殺し	Hurst et al, 1999a
Spiroplasma ixodetis の近縁種	コウチュウ目	*Adalia bipunctata*（フタモンテントウ）	初期型オス殺し	Hurst et al, 1999b
Rickettsia sp. (α-Proteobacteria)	コウチュウ目	*Adalia bipunctata*（フタモンテントウ）	初期型オス殺し	Werren et al, 1994
Blattabacterium sp. (Cytophaga/Flexibacter/Bacteroides)	コウチュウ目	*Coleomegilla maculata*（テントウムシの1種）	初期型オス殺し	Hurst et al, 1997
Spiroplasma ixodetis の近縁種	コウチュウ目	*Anisosticta novemdecimpunctata*（テントウムシの1種）	初期型オス殺し	Tinsley & Majerus, 2006
Blattabacterium sp.	コウチュウ目	*Adonia variegata*（テントウムシの1種）	初期型オス殺し	Hurst et al, 1999c
Wolbachia pipientis	コウチュウ目	*Tribolium madens*（コクヌストモドキの1種）	初期型オス殺し	Fialho & Stevens, 2000
Wolbachia pipientis	チョウ目	*Ostrinia scapulalis*（アズキノメイガ）	初期型オス殺し	Kageyama & Traut, 2004
Wolbachia pipientis	チョウ目	*Acraea encedon*（ホソチョウの1種）	初期型オス殺し	Hurst et al, 1999a
Wolbachia pipientis	チョウ目	*Hypolimnas bolina*（リュウキュウムラサキ）	初期型オス殺し	Dyson et al, 2002
Spiroplasma sp.	チョウ目	*Danaus chrysippus*（カバマダラ）	初期型オス殺し	Jiggins et al, 2000
Arsenophonus nasoniae (γ-Proteobacteria)	ハチ目	*Nasonia vitripennis*（キョウソヤドリコバチ）	初期型オス殺し	Werren et al, 1986
Amblyospora sp. (Microsporidia)	ハエ目	*Culex tarsalis*（イエカの1種）／*Aedes spp.*（ヤブカの1種）	後期型オス殺し	Kellens & Wllis, 1962; Andreadis, 1991
Parathelohania (Microsporidia)	ハエ目	*Anopheles quadrimaculatus* (mosquito)	後期型オス殺し	Hazard & Weiser, 1968
Wolbachia pipientis	ハエ目	*Drosophila simulans*（オナジショウジョウバエ）	細胞質不和合	Hoffmann et al, 1990
Wolbachia pipientis	ハエ目	*Culex pipiens*（アカイエカ）	細胞質不和合	Guillemaud et al, 1997
Wolbachia pipientis	コウチュウ目	*Tribolium confusum*（ヒラタコクヌストモドキ）	細胞質不和合	Fialho & Stevens, 1996, 1997
Wolbachia pipientis	コウチュウ目	*Callosobruchus chinensis*（アズキゾウムシ）	細胞質不和合	Kondo et al, 2002
Wolbachia pipientis	チョウ目	*Ephestia kueniella*（スジコナマダラメイガ）	細胞質不和合	Sasaki & Ishikawa, 2000
Wolbachia pipientis	チョウ目	*Eurema mandarina*（キタキチョウ）	細胞質不和合	Hiroki et al, 2005; Narita et al, 2006
Wolbachia pipientis	ハチ目	*Nasonia vitripennis*	細胞質不和合	Breeuwer & Werren, 1990
Wolbachia pipientis	ダニ*	*Tetranychus urticae*（ナミハダニ）	細胞質不和合	Tsagkarakou et al, 1996; Gotoh et al, 2007
Wolbachia pipientis	ハチ目	*Trichogramma deion*（タマゴヤドリコバチの1種）	単為生殖	Stouthamer et al, 1990
Wolbachia pipientis	ハチ目	*Encarsia formosa*（オンシツツヤコバチ）	単為生殖	Stouthamer & Kazmer, 1994
Cardinium sp. (Cytophaga/Flexibacter/Bacteroides)	ハチ目	*Encarsia pergandiella*	単為生殖	Zchori-Fein et al, 2001
Wolbachia pipientis	アザミウマ目	*Franklinothrips vespiformis*（アリガタシマアザミウマ）	単為生殖	Arakaki et al, 2001
Rickettsia sp.	ハチ目	*Neochrysocharis formosa*（ハモグリミドリヒメコバチ）	単為生殖	Hagimori et al, 2006
Wolbachia pipientis	チョウ目	*Eurema mandarina*	メス化	Hiroki et al, 2004; Narita et al, 2007
Cardinium sp.	ダニ*	*Brevipalpus phoenicis*／*Brevipalpus californicus*（オンシツヒメハダニ）	メス化	Weeks et al, 2001; Chigira & Miura, 2005
Wolbachia pipientis	甲殻類*	*Armadillidium vulgare*（オカダンゴムシ）	メス化	Rigaud, 1997
Octosporea effeminans (Microsporidia)	甲殻類*	*Gammarus duebeni*（ヨコエビ）	メス化	Dunn et al, 1995
Nosema sp. (Microsporidia)	甲殻類*	*Gammarus duebeni*	メス化	Dunn et al, 1998
Wolbachia pipientis	カメムシ目	*Zyginidia pullula*（ヨコバイの1種）	不完全なメス化作用	Negri et al, 2006
Wolbachia pipientis	ハチ目	*Asobara tabida*（コマユバチの1種）	卵巣形成に必須	Dedeine et al, 2001

＊昆虫ではない

人のインフルエンザのように接触、飲食物、空気、ベクター[*2]などを介して個体から個体へと感染することであり、垂直伝播とは卵などを通じて親から子に遺伝のように微生物が引き継がれることを言う。内部共生微生物は、水平感染をする種や両方の伝播方法を用いる場合もあるが、その確実性からか垂直伝播をおこなう場合が多い。

宿主の親から子への垂直伝播によって次の宿主へと感染する方法をとる微生物は、みずからの伝播を完全に宿主の繁殖に賭けていることになる。親のもっていた体内の共生微生物が子どもに一〇〇パーセント受け継がれていけば、宿主集団中から失われることはないが、自然界でそれはほぼ不可能である。なぜなら、ほとんどの微生物が高温や低温になると死滅したり密度が下がってしまったりするが、野外環境下では高温や超低温になることもしばしばあるからである。そのため、垂直伝播に頼る共生微生物は、なんとか自分の宿主が集団内で維持され、あわよくば勢力を拡大すべく体内から自分の宿主に働きかけるのである。そのための方法はさまざまであるが、大きく分けると二種類ある。それは、自分の宿主が他よりも多く繁殖できるように宿主の適応度[*3]を上げ、宿主に利益をもたらす方法（相利関係）と宿主の生殖を自分の感染が拡がれるよう都合よく改変する方法（宿主生殖操作）である。そのような効果を自分の宿主に与えておくことによって、垂直伝播が完全な一〇〇パーセントでなくとも、宿主集団中に感染が維持される可能性が高まるからである。

（＊2）ベクター（vector）：媒介者、運び屋の意味。ラテン語の運び屋（vehere）に由来する。

（＊3）適応度(fitness)とは：その個体が生物として繁栄していく能力を総体的に評価したもの。その個体自身がどれだけ生き延びるのに適した性質をもつか、また、その個体がどれだけ多くの次世代を残すことができるかなどを評価する。生物学における適応度の指標としてよく利用されるのは、産子数、子の生存率、成長率、寿命などである。

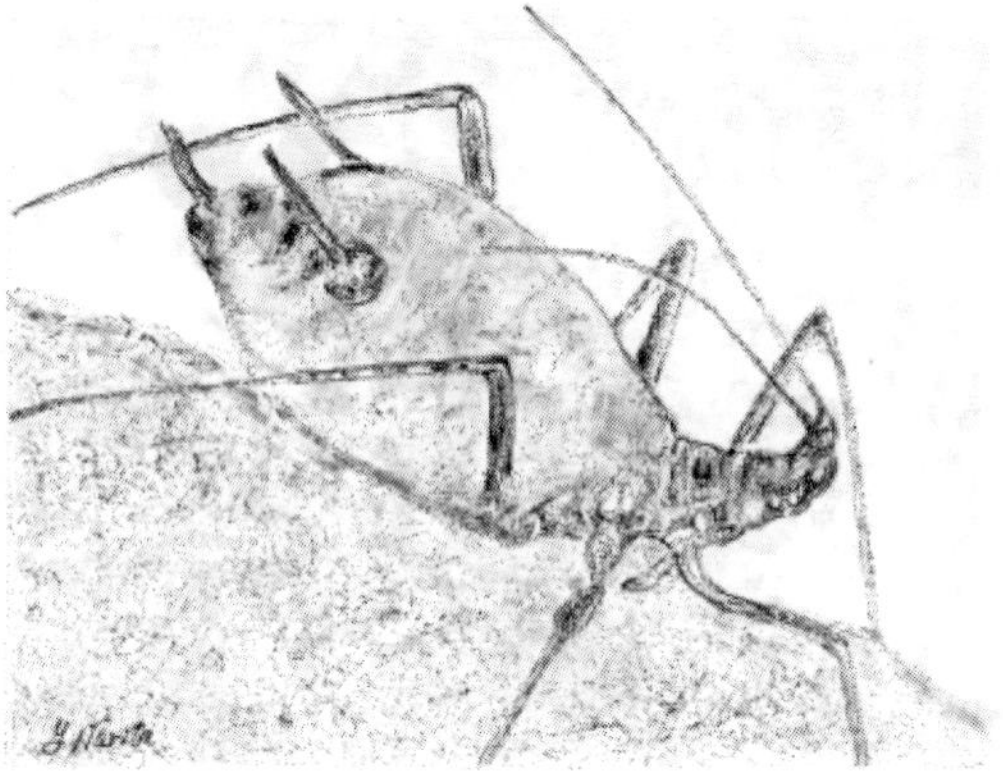

図1・3　エンドウヒゲナガアブラムシ.

共生微生物に頼りきる虫たち

アブラムシに必須な細菌ブフネラ

春先になり気持ちも華やぎ、野原でがらにもなく草花を摘んでみようとして、大量のアブラムシがついた植物を手折ってしまい、指先にはつぶれたアブラムシと甘露がべったりとつき、少しばかりはしゃぎすぎていた自分にげんなりしてしまった経験をした方は私だけではないと思いたい。昆虫ファンにも人気がなく、一般の方にも害虫として広く認識されているアブラムシ(図1・3)は、じつは共生細菌との関係に関する研究がとてもよく進んでいる昆虫である。ほとんどのアブラムシは細胞内にBuchnera属（ブフネラ）の細菌を保有している。ブフネラは、アブラムシが必要とするアミノ酸やビタミンを合成して供給しており、ブフネラを除去されたアブラムシは生育が困難になり、子どもを残せなくなる。この共生関係はひじょうに古く、約二億〜二億五千万年前から続いてきたことが最近の研究で明らかとなっている。

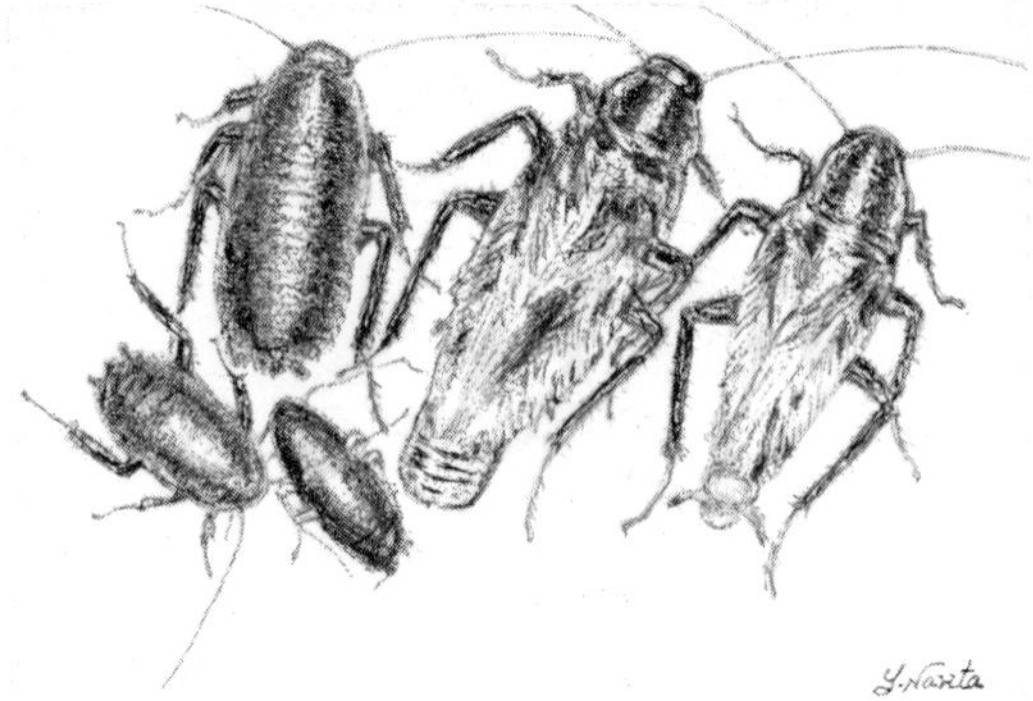

図1・4　どこからともなく現れるクロゴキブリ.

細菌カプセルを自作するカメムシ

マルカメムシ類は、腸の中にγ-プロテオバクテリア綱のIshikawaella capsulataという共生細菌を保有しており、アブラムシの場合と同様に、この細菌なしでは正常な成長や繁殖ができない。この共生細菌で興味深いのは、その一風変わった伝播方法である。宿主であるカメムシの母親は、産んだ卵のすぐ近くに共生細菌が詰まったカプセルを産みつける。孵化した幼虫がそのカプセルを吸うことによって、再び共生細菌を獲得するのである。

強くてしぶといゴキブリの秘密

ゴキブリ（図1・4）というと、動きが俊敏で台所に何週間も生ゴミがなくても餓死せず、むやみやたらに飢餓に強いというイメージがあると思う。私も多くの人と同じように、ゴキブリが少し苦手である。二週間ほど家を空け、台所などには食べ物などがなかったはずなのに、家に帰ってきて自分の家で立派に成長しているゴキブリを何匹か見かけると、なぜそんなに大きくなったのかとほんとうにギョッとする。

その飢餓に対する強さは、じつは体内にいる共生細菌のおかげであることが最近の研究でわかってきた。大部分のゴキブリはブラタバクテリウム(Blattabacterrium)という共生細菌を保有しており、この細菌がゴキブリ体内の老廃物を分解して、必須アミノ酸[*4]を合成し、さらに尿酸の形で小分けにして蓄えてくれる。そのため、宿主であるゴキブリは窒素が含まれているたんぱく質などのエサを食べなくても六ヵ月ほど生きていくことができるのである。しかも、この細菌は、ゴキブリの細胞壁や細胞膜を修復させる代謝機能までが備わっているというから驚きである。

ゴキブリは自分の体が必要とする必須アミノ酸を作るのを、共生細菌に任せきりにしていたため進化の過程において自分でアミノ酸を合成する能力を喪失してしまい、この共生細菌なしには、生きていくことができなくなってしまったのである。

(＊4)必須アミノ酸：その動物の体内で、自分では合成できず、栄養分として摂取しなければならないアミノ酸のこと。必要アミノ酸、不可欠アミノ酸とも言う。

栄養不足の吸血バエの助っ人

　血を吸う昆虫というと多くの人は蚊のことを思い出されると思うが、蚊が血を吸うのは成虫の時のみであって、幼虫時には血以外のさまざまな栄養を摂取して体を作る。しかし、昆虫の中には生涯を通して動物の血だけをエサにしている生物もいて、そのような偏った栄養資源を一生涯取り続けるような昆虫は、その他の栄養を供給してくれる内部共生微生物を保有している場合が多い。

　アフリカ大陸に生息するツェツェバエ（図1・5）は、生涯動物の血を吸って生きている。このツェツェバエは体内にトリパノソーマという原虫がおり、ハエが血を吸うときに動物に移動し、「アフリカ睡眠病」と呼ばれる死に至る病気を引き起こすことで有名である。

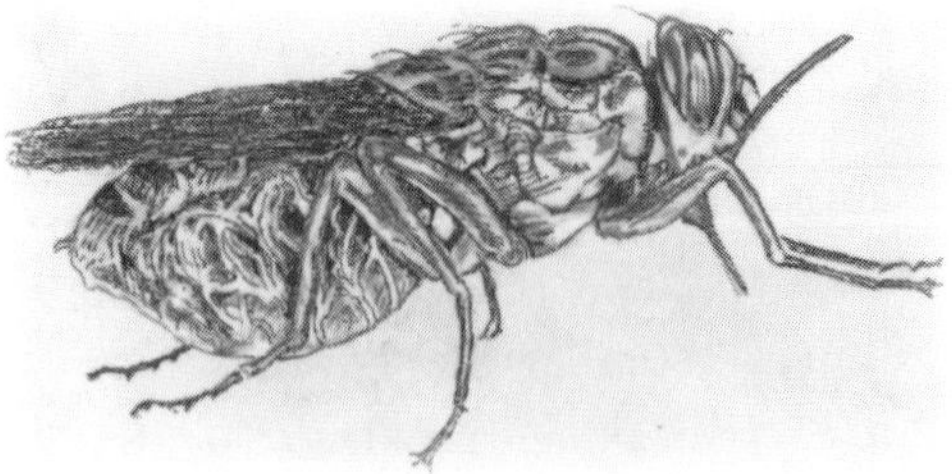

図1・5　眠り病を引き起こす原虫を媒介する吸血バエ、ツェツェバエ.

　この血しかエサとしないハエは、*Wigglesworthia* 属の共生細菌を保持しており、この細菌を除去したハエは繁殖できなくなる。そのため、この共生細菌はハエの繁殖に必要な栄養などを供給していると考えられている。また、同様に生涯動物の血を吸って生きるオオサシガメやシラミなどからも宿主に栄養供給をし、宿主の繁殖に必要不可欠な共生細菌が見つかっている。

図1・6　フィラリア線虫によって引き起こされた象皮病．リンパ節に成虫が棲みつくため、リンパ液の流れが悪くなり、足がゾウのように腫れて大きくなったり、陰嚢が腫れる．江戸時代には日本全土に感染が広がっていたが、1960年頃には奄美大島や鹿児島の一部だけになっていた．1978年に日本から感染者はいなくなっている．

寄生虫を殺すと病状が激化

フィラリア線虫が人間の体内に侵入して増殖すると炎症反応が起こり、発熱を繰り返したり、失明したり、皮膚が厚く硬化してゾウの足のようになってしまう象皮病（図１・6）などが引き起こされることは以前から知られていたが、最近になって、線虫感染によって人に現れるさまざまな症状の根本原因が線虫ではなく、線虫の体内にいる共生細菌ボルバキア（*Wolbachia*）のせいであることがわかってきた。

フィラリア類の一種である回旋糸状虫（*Onchocerca volvulus*）はブユを介して人間に感染する。この線虫に寄生された人は皮膚の下にこぶのような固まりが現われ、その後、失明してしまう。この線虫に寄生されている人はアフリカを中心に世界中に一千七百万人ほどいて、この病気は川や小川で、日中ブユに刺されて感染するので、「river blindness（河川盲目症）」と呼ばれて恐れられている。

また、バンクロフト糸状虫やマレー糸状虫は蚊を介してヒトに寄生するが、これに寄生された人は体中で炎症反応が起こり、数週あるいは数ヵ月ごとに熱発作を繰り返し、身体の末端でリンパ管が破壊され手足がゾウの足のようになってしまう象皮症の原因となる。

じつは、これらの線虫たちの体内には共生細菌ボルバキアがおり、ボルバキアの協力なしでは線虫は生をまっとうすることができない。ボルバキアがいないと線虫の子どもは脱皮できなくなるため成長できず、成虫でボルバキアがいなくなると生殖ができなくなる。線虫が人に寄生すると人の体内で炎症反応が起こり、さまざまな病気を引き起こすが、この炎症反応がじつは線虫の出す物質に対してではなく、線虫の共生細菌であるボルバキアのもつ物質に対して引き起こされていることがわかった。そのため、線虫に寄生されて発病している人に、線虫を殺す薬を与えて線虫を殺すと病気の症状が激化してしまう。これは、線虫を殺す薬を飲むと、線虫が体内で死亡し、線虫体内に存在していた共生細菌がいっきに放出され、炎症反応の原因物質である細菌が人の体内で増加するためである。そのため、これらの寄生虫病の治療の際には、線虫を殺す薬を最初に与えるのではなく、線虫の共生細菌を殺すための薬である抗生物質を与えることが有効であることがわかってきたのである。

コラム　肥満を決める腸内細菌

私たち人間も数多くの微生物と共生関係にあることが知られている。人体に存在する微生物の総重量は約二キログラムから三キログラムもあり、その種類も驚くほど豊富である。大腸に千種類以上、口腔に七〇〇種、皮膚に四〇〇〜五〇〇、女性の膣に五〇〇種以上存在する。

しかし、胎児の時は誰しも無菌状態である。乳児は生まれた瞬間から母親や周りの空気などいろいろなものから細菌や微生物に感染していき、生後数ヵ月にして、微生物が棲みついた環境ができあがる。また、体内の細菌の種類や数は一人ひとりまったく異なるパターンをもっており、同じ人でも食べる物や精神的なストレスなどによって常に変動している。

人や動物にもたらす腸内細菌の効果についての研究は日々進められており、最近では、腸内細菌と肥満との関係を明らかにした研究が発表された。米国ワシントン大学研究チームが見つけたもので、権威ある科学誌NATURE誌に、「肥満と腸内細菌（Obesity and gut flora）」というタイトルで報告された（Nature 444 1009-1010, 2006）。人やマウスの腸管に棲む細菌は、バクテロイデス（B：Bacteroidetes）類かファーミキューテス（F：Firmicutes）類のいずれかのグループに属することがわかっており、F類細菌が肥満と密接な関係があることを明らかにされた。

この研究チームはまず肥満マウスと痩せたマウスの腸内細菌について、B類とF類の割合を比べた。すると、太ったマウスでは、F類に比べ、B類細菌が五〇パーセント以下とひじょうに少ないことがわかった。

この現象は人の場合でも同様で、太った人ほどB類が少なかった。次に太ったマウスにカロリー制限をおこない、体重を減少させたところ、B類が増えると同時にF類が減ることがわかった。さらに、細菌がまったくない状態で飼育したマウスに、それぞれ太ったマウス由来の腸内細菌を与えた場合と、逆に痩せたマウスの腸内細菌を与えた場合に、もともと無菌状態で育ったマウスの体重がどのようになるかを調べた。その結果、二週間後の体脂肪増加率が、肥満マウスの腸内細菌を与えた場合は約四七パーセント増加したのに対し、痩せたマウスの腸内細菌を与えられた場合には約二七パーセントの増加しか見られないことがわかった。以上のことから、B類細菌が減ってF類細菌が腸内に増えると、食事からのカロリー回収率が高まり、体重増加や肥満につながると結論している。

現代社会は、「メタボ」、「肥満」という言葉が悪口になるほど、太ることが悪で、ほっそり痩せていることがすばらしいという風潮にあるように思う。この論文が発表された際も、太っている人に多いF類細菌が悪玉で、痩せている人に多いB類細菌が善玉と印象づける報道などが多い気がした。しかし、野生下での動物のほとんどが常に飢餓状態であることを考えると、少ない栄養からたくさんの養分を吸収する能力のあるF類細菌の方が優秀で、宿主と強い共生関係を結んでいると言えるかもしれない。

コラム　海藻を消化できるのは日本人だけ!?

日本人の腸内でノリやワカメなど海藻の食物繊維を消化している細菌を、フランスの研究チームが発見し、科学誌NATURE誌に掲載された(Nature 464 908-912, 2010)。この細菌は米国人の腸内にはなく、海藻をよく食べる日本人が体外から取り込んで共生していることがわかった。人の腸内には約一千種の共生細菌がおり、これらは人体が作れない酵素を出すことで消化吸収を助けている。野菜の食物繊維は腸内細菌が出す酵素によって分解・吸収されるが、海藻類の食物繊維はそのまま体外に排出されると考えられてきた。

この研究チームは、ノリを餌にしている海中の細菌（Zobellia galactanivorans）から、海藻の繊維を分解する酵素を発見し、その酵素を作り出す遺伝子を特定した。その遺伝子は人間の腸内細菌であるバクテロイデス・プレビウス（Bacteroides plebeius）のゲノムからも見つかっている。しかし、この細菌がすべてその遺伝子をもち、海藻を分解する酵素を作り出せるわけではない。この遺伝子をもつ細菌は、日本人由来の菌株からしか見つかっていないのである。

この研究では、日米の三一人の腸内細菌のうち、その酵素を作る遺伝子をもつ細菌がいるかどうかを調べた結果、米国人一八人の腸内細菌にはなかったが、日本人一三人中五人の腸内細菌にはほぼ同じ配列の遺伝子が見つかった。

日本人は昔から海藻を食に取り入れており、遅くとも八世紀にはノリを食べていたことが文献からわかっている。そのことから、研究チームは、未滅菌（みめっきん）の海藻を食べ続ける過程で、海藻を分解できるような細菌が腸内まで届き、腸内にもともといた共生細菌がその遺伝子を取り入れて進化し、海藻の消化酵素を作るようになった可能性が高いとしている。

調査した数が少ないのでまだはっきりした割合については言えないと思うが、日本人の半数近くは海藻の繊維をも分解し栄養を吸収することができそうだ。私の場合、ひどい二日酔いの朝には、前の晩に酒のつまみでいただいたワカメと高頻度で再会するので、海藻を消化できないタイプなのかもしれない。

ちょっとお得な共生

ここまで、共生微生物がいないと子どもを残すことや、また生きていくことさえ難しい必須共生の例をあげたが、生物界においてはそのような危機迫った存在ばかりではなく、共生微生物がいなくても生きてはいけるが、いると少し得をするような共生関係もたくさん存在する。

たとえば、Serratia属の細菌に感染したアブラムシは高温に対する耐性を獲得したり、必須細菌であるブフネラを失っても繁殖が可能になったりする。他にも、共生細菌に感染することで、繁殖力が高まったり、病原性の真菌や天敵である寄生バチに対して抵抗性を付与したりする場合もある。

宿主の娘だけが大切なわけ

親から子どもに垂直伝播する共生微生物の場合、自分の感染が宿主集団中で維持され、拡大するような働きかけを宿主に対しておこなっていることが多い。ここまでは、共生微生物が宿主に栄養供給や繁殖力を付加することによって感染宿主が有利になるような例を紹介してきたが、ここからは共生微生物が都合の良いように宿主の生殖そのものを操作することで、感染宿主が拡散していく共生の例を紹介する。

母親から子どもに母系伝播する方法しか伝播手段をもたない共生微生物は、宿主の息子に伝わったところで次の宿主に伝播することができない（図1・7）。そこで、共生微生物は、宿主の生殖を操作して、宿

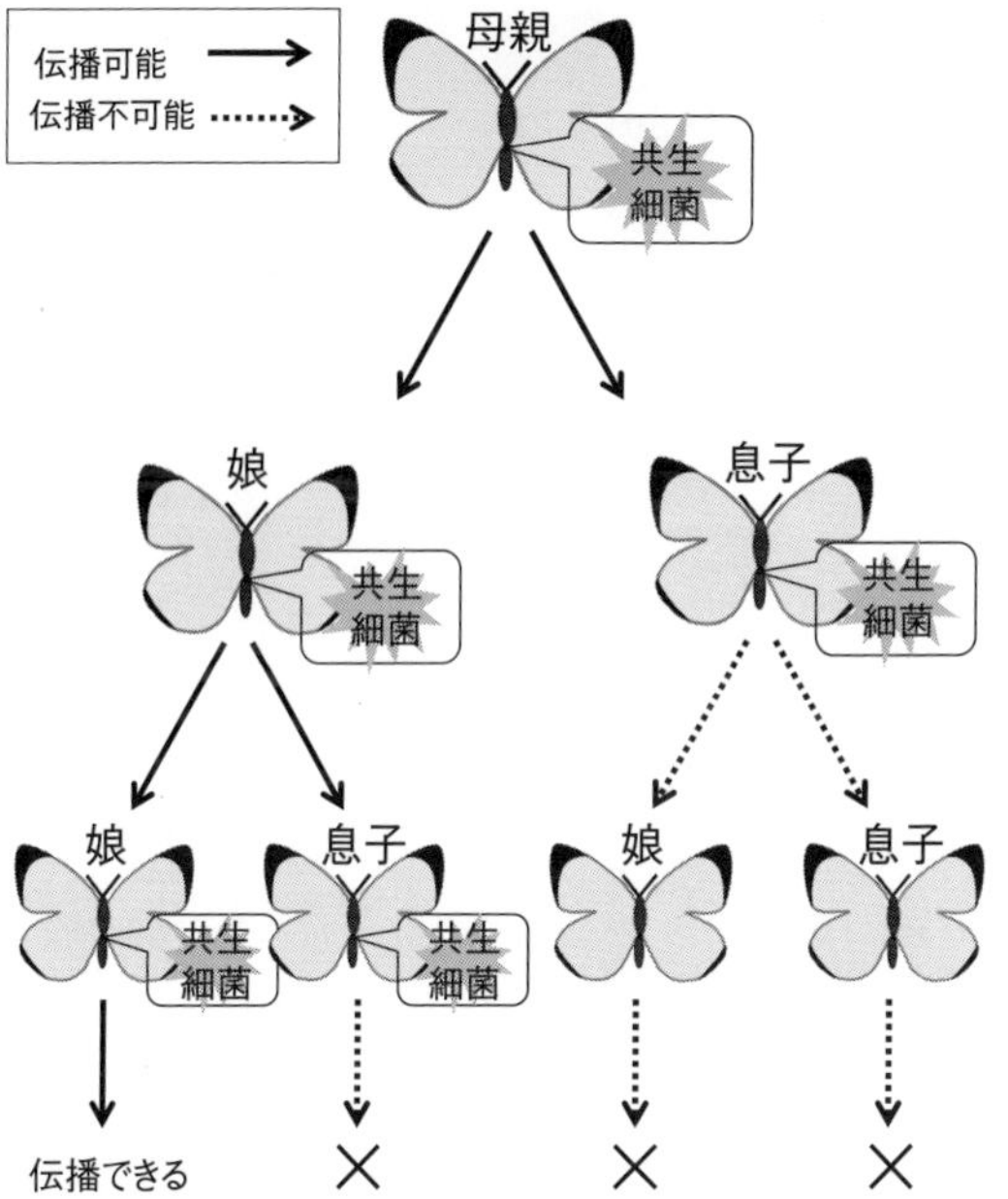

図1・7　母系伝播する細菌の移動経路．息子に伝播すると宿主を失う．

主の子孫をすべてメス（娘）にしてしまうという作戦にでることがある。宿主の子孫をすべて娘にすれば、一世代で伝播効率が二倍になり、五世代後にはその効率が三二倍にもふくらむことになる。

未交尾でも娘を産めるようになる宿主

宿主の子孫をすべてメスにする方法には「単為生殖」と「性転換」がある。昆虫の単為生殖はそう珍しいものではなく、ハチやアザミウマなどの昆虫でよく観察される。これらの昆虫はオスと交尾をしないと染色体数が半数（半数体：n）のままオスを産み、交尾をして受精した場合のみ染色体数が倍（倍数体：2n）になったメスを産む。これが半数性単為生殖である。単為生殖の細かいしくみや種類については、コラム（二〇頁参照）に記したのでそちらを見ていただきたい。

ハチなどでみられる単為生殖の場合、交尾をしてはじめてメスを産めるようになるのであるが、ボルバキア、リケッチア、カルディニウムなどの共生細菌に感染した宿主昆虫は、交尾をしなくても倍数体のメスを産むことができるようになる。実際に、さまざまな寄生バチで、共生細菌ボルバキアの感染によってメスがメスのみを産み続けて維持されている集団が発見されている。共生細菌による単為生殖の詳しい分子メカニズムはまだ不明なことが多いが、感染虫の半数体の胚では第一体細胞分裂がおこなわれないため、核が二倍になり結果として倍数体のメスが発生する例が知られている。また、共生細菌カルディニウムに感染しているダニ（ヒメハダニ）は、半数体であるにも関わらずメスとなり共生細菌がいる限りメスだけの単為生殖によって集団が維持されている。

コラム　オスがいらない単為生殖の不思議

単為生殖とは、一般には有性生殖する生物でメスが単独で子を作ることをさす。昆虫における単為生殖はトンボ目、アミメカゲロウ目、ノミ目を除いた昆虫種で見られる。

通常の有性生殖では、受精前の生殖細胞（メスは卵子、オスは精子）は2nからnに減数分裂しており半数性配偶子であるが、卵子（n）と精子（n）が受精することによって再び2nになり、倍数性個体が発生する。

単為生殖では、オスの精子なしで子が産み出されていくため、有性生殖とは一味違った生殖システムをもっている。単為生殖は大きくわけて二種類ある。「半数性単為生殖」と「倍数性単為生殖」である。半数性単為

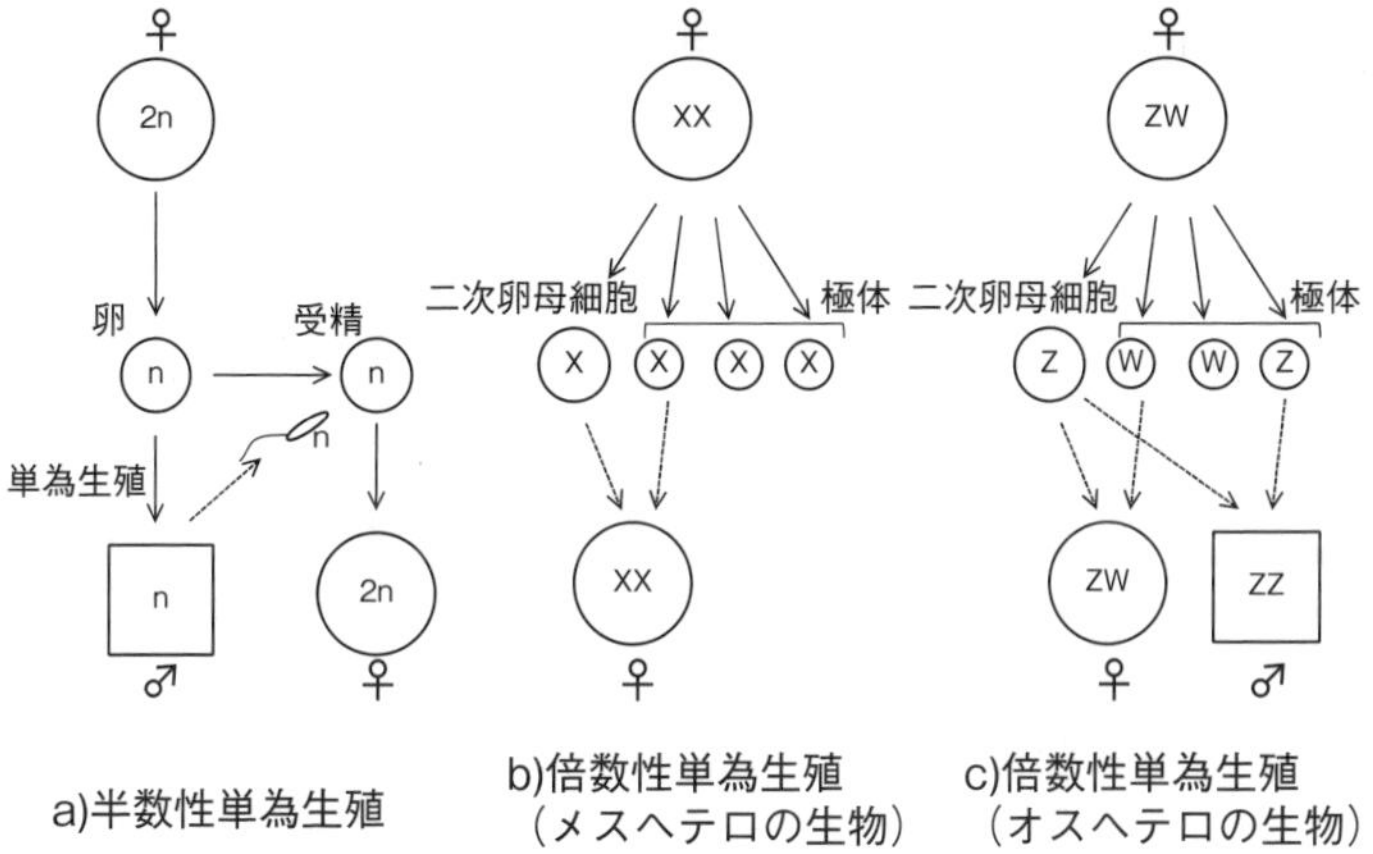

オスがいらない単為生殖の不思議.

生殖とは、メスの卵（n）がオス精子（n）と受精して2nになったものはメスになり、受精しなかった卵（n）はそのまま発生が進んでオスになるというものである（図a）。倍数性単為生殖では、いったん減数分裂して半数になった配偶子（n）が通常は捨てられるはずの極体（n）と融合し、2nになる。メスが性染色体Xを二本もつXX型の場合、配偶子と極体はすべてXなのでどの組み合わせで融合してもXX個体が生まれる（図b）。しかし、メスがX染色体一本とY染色体一本をもつXY型の場合、配偶子と極体はXとYがそれぞれ半分ずつ作られる。そのため、融合の組み合わせによっては、XX個体とXY個体が産まれる場合があり、XXの組み合わせの個体はオスに、XYの組み合わせで発生した個体はメスになる（図c）。また、そもそも生殖細胞が減数分裂をおこなわないため2nの状態が維持され、そのまま発育するアポミクシス（apomixis）という方法も知られている。

　共生細菌による単為生殖の場合は、上で記したどの方法とも違っているようである。生殖細胞では減数分裂がふつうにおこなわれ半数（n）の卵になっているが、細菌が感染している卵では第一体細胞分裂がおこなわれないため、細胞は一つのまま核だけが二倍になり結果として倍数体のメス（2n）が発生すると考えられている。

宿主の息子を娘に性転換

共生細菌によってオスからメスへ性転換させられてしまうという現象は、まさに私の研究テーマとして扱っているものである。昆虫では共生細菌による完全な性転換現象はキタキチョウ（*Eurema mandarina*）[*5]でのみ知られている。共生細菌ボルバキアに重複感染しているキタキチョウは、母親が感染していれば遺伝的なオスの子どもが完全にメスとして発育する。メスに性転換したオスは成虫になると、ふつうのオスと交尾をして子どもを残すことができ、外見上も機能的にも完全なメスとなる。キタキチョウの性転換現象については、後で詳しく説明する。

完全な性転換現象はいまのところキタキチョウのみでしか見つかっていないが、ボルバキアによるメス化効果、つまり完全な性転換まではいかないがオスをメスへ改変しようとする効果はヨコバイの一種でも知られている。このヨコバイでは、メスの性染色体はＸＸ（Ｘ染色体が二本）であり、オスの性染色体はＸＯ（Ｘ染色体が一本）である。通常、メス（ＸＸ）の産んだ子どもは、ＸＸとＸＯが半々の割合で出現する。しかし、ボルバキアに感染している場合、ＸＯ（遺伝的にはオス）の子どもの形態が少しだけメスっぽくなっていたのである。

昆虫ではないが、甲殻類のダンゴムシでも同様に共生細菌ボルバキアの感染による性転換現象が知られている。性転換個体の生育途中で高温にさらし、体内の共生細菌を除去すると、徐々にオスの形質があらわれてくる。ダンゴムシでは、オス体内の造雄腺（ぞうゆうせん）という場所から分泌される雄性化ホルモンによってオス形質が分化するが、ボルバキアを感染させたダンゴムシではこの雄性化ホルモンの分泌が抑えられていることがわかっている。ダンゴムシと違って、昆虫では性ホルモンが存在しないため、昆虫であるキタキチョウ、ヨコバイにおける性転換の分子メカニズムは異なっていると予想されている。

（＊5）キタキチョウ：数年前までキチョウ（*E. hecabe*）の Yellow type とされてたが、最近になって別種であるとされている。

息子を殺される宿主

昆虫を含む多くはオスの子どもとメスの子どもがほぼ半々の割合で産まれる。しかし、母系伝播する共生微生物は母親からしか伝播できず、父親からは伝播することができないため、宿主の息子は自己の繁殖にとってはむしろ邪魔者である。共生細菌の中には、感染した宿主の息子を殺す作用をもつものが存在する。これが、通称「オス殺し（male killing）」現象である。昆虫におけるこのオス殺し現象は、胚発生や幼虫初期に息子が死んでいく初期型オス殺し（early male killing）と、幼虫の後期になって息子が死んでいく後期型オス殺し（late male killing）の二つに分けられる。共生微生物にとっての初期型オス殺しの狙いは、オス兄弟を初期の段階で殺しておくことで、姉妹のエサ資源を増やし、死んだオス兄弟そのものをエサとして姉妹が食べることで、自分たち共生細菌を伝播してくれるメスが生き残る確率を上げることにあると考えられている。初期型オス殺しは甲虫、ハエ、チョウ、ハチなど幅広い昆虫で見られ、原因となる共生細菌もまた多様であることが特徴である。

では、オスがかなり成長してから殺す後期型オス殺しは、共生微生物によってどんな利益があるのだろうか。後期型オス殺しの場合、成長期にオス兄弟がメスの姉妹と同様にエサを食べて成長してしまうため、姉妹のエサの取り分を多くしたり、オス兄弟が姉妹のエサとなってメス姉妹の生存確率をあげる効果はない。しかし、オスが成長して大きくなることは、共生微生物の狙い通りなのである。後期型オス殺しを引き起こす共生細菌は、母親から子どもへの垂直伝播だけでなく、水平感染することが多い。つまり、オスの成長とともに共生微生物は宿主体内で大量に増殖を繰り返しており、じゅうぶんにオスが大きくなり共生微生物も増えたところで宿主を殺すことによって、他の宿主への水平感染の効果を高め、新しい感染個体を産み出す効率をあげているのである。

この後期型オス殺し現象は、蚊、蛾、ハエなどで見つかっており、原因となる共生微生物は、真核生物である微胞子虫、ＲＮＡウィルス、細菌ボルバキア、細菌スピロプラズマなどである。

感染オスに仕込まれた罠

母親から子どもへ垂直伝播する方法しかもっていない共生微生物は、メスのみが重要であるため、オス兄弟を殺したり、オスをメスにしたり、メスだけで増えられるように単為生殖をさせたりする。しかし、そのようにオスとメスの割合を変化させることなく自分の感染宿主を集団内で増やす戦略をもつ共生微生物もいる。それは、「細胞質不和合（cytoplasmic incompatibility）」という効果によるものである。私が研究材料として扱うキタキチョウも共生細菌ボルバキアによってこの現象が引き起こされている。「細胞質不和合」という言葉は「オス殺し」などと比べると現象の予想をつけるのが難しい言葉であるが、簡単に言うと共生細菌を保有しないメスが子どもを残しにくくなる現象である。

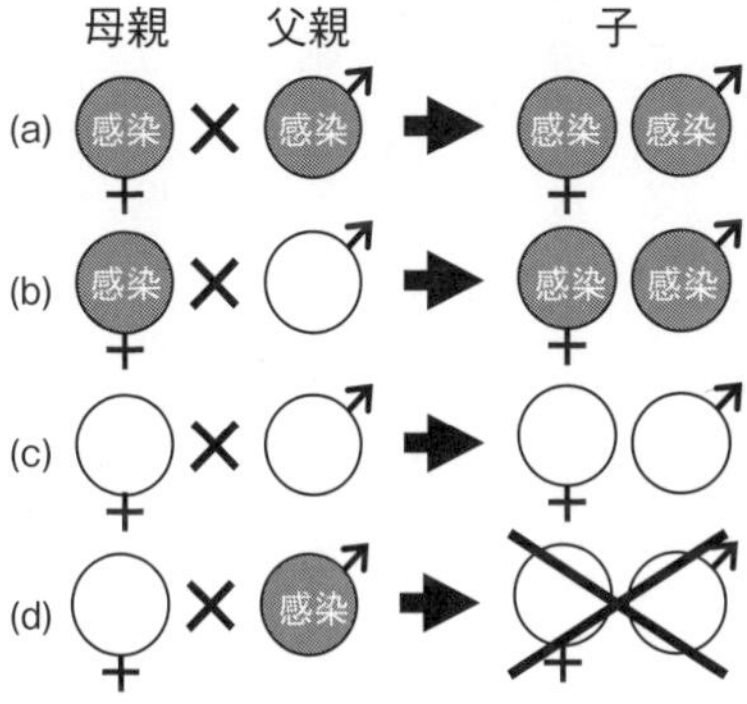

図1・8　細胞質不和合のしくみ．感染メスは感染オス・非感染オスのどちらと交尾しても子どもを残すことができる．しかし、非感染メスは感染オスと交尾をするとその子どもが死ぬ．

この現象は、図1・8を見ながら文章を読んでいただくと理解しやすいと思う。集団の中で共生細菌に感染している個体や、感染していない個体が存在しているとき、感染メスも非感染メスも自由に、交尾相手を選び子孫を残す。しかし、宿主が気ままに交尾相手を選んだとしても、感染メスだけが有利になるという共生細菌によって巧妙にしくまれたからくりがそこには存在する。共生細菌をもっていない非感染メスの場合、交尾相手が非感染オスでないと困るのである。なぜなら、共生細菌をもっている感染メスは、交尾相手が非感染であっても感染であっても問題なく子を残すことができるが（図1・8a、b）、非感染のメスは交尾相手が感染していた場合、子はすべて卵の段階で死んでしまうからだ（図1・8c、d）。この共生細菌の効果によって、たった一世代で宿主の感染した子が二倍になることが図からもおわかりいただけると思う。このようにして、集団の中で感染宿主が拡大していく。これが細胞質不和合という現象である。

細胞質不和合が共生細菌によってどのように引き起こされるかについての詳細なメカニズムには、まだ不明は点が多いが、次の説が現在のところ有力である。共生細菌は、感染オスの精子、あるいは染色体に子を殺すような修飾を付加しておく。メスの卵が同じ種類の共生細菌に感染している場合、卵はその修飾を解毒するような効果を細菌から与えられている。そのために、感染メスは感染オスの精子でも子を残せるのである。一方、非感染メスの卵には、その修飾を解毒するような効果などないため、感染オスの修飾された精子では子を残せないのである。

細胞質不和合の効果によって野外で実際に共生細菌が感染を拡大した例は、世界でいくつか見つかっている。カリフォルニアのオナジショウジョウバエにおいて、細胞質不和合を引き起こす細菌ボルバキアの感染が年に一〇〇キロメートル以上のスピードで広まったことが報告されている。また同じように、日本のヒメトビウンカ、キタキチョウでも細胞質不和合を起こす細菌ボルバキアが西日本から東日本に向かってその感染を拡大していった例がある。

第2章
共生細菌の研究をはじめて

ありがちな思春期

イライラ中学生

一〇代の頃の私は今の自分から見ても、扱いにくく、憎たらしい子どもだったと思う。そんな私は学校で先生たちから好かれた経験はほとんどなく、むしろ嫌われていた生徒と言える。その理由も今ならわかる。私はとにかく生意気で、思春期特有の世の中や大人に対する批判と余裕のない正義感でいっぱいだった。自分だって偽善的なくせに大人の偽善は許せなかったし、納得できる理由がなく「これは、こういうものなんです」と大人が言いがちな台詞を吐かれて、押しつけられるのが嫌いだった。そういったルールの多くは、思春期特有の不安定さをもった多様な子どもを集団としてある程度まとめるために必要なものだし、大人になって社会にでたときに必要となる社会性や協調性を学ばせるものだと今は思っている。しかし、思春期の私にはそんなことを想像するような余裕がまったくなかった。

そんな刺々しさと生意気さで満ちていた中学時代の私は家庭内や学校で大人に対して数々の意地悪な発言をし、困る大人の顔を見て内心得意になっていた気がする。そんな思春期の底意地の悪いエピソードを一つ紹介しようと思う。

私が通っていた中学校は、女生徒は真っ黒のヘアピンしか許されず少し茶色がかったピンをしているだけで先生に呼び出されてこっぴどく叱られるような学校だった。私は怒られるのが嫌いだったし、みずから呼び出されるようなことはしたくなかったから、いつもは真っ黒のヘアピンで髪を留めていた。しかし、ある日、寝坊をしてしまい、その日に限っていつもの黒いヘアピンが見つからず、慌てて姉のもっている茶色がかったピンで髪を留めて登校した。案の定、廊下で校則違反に眼を光らせている教師に呼び止められ、私はあえなく職員室行きとなった。ただ校則に違反しているという理由で、くどくどと怒られているのは当時の私にとっては納得できず、じょじょに、その教師が自分の説教に酔いしれているように見えてきたため、私のイライラは最高潮に達しようとしていた。そして、ついに、

「先生は先ほどから、校則に違反しているから悪いことだと何度も言われていますが、注意されるからには校則などに頼らずとも先生の道徳観に根差した理由がきちんとおありなんですか」

と言った。実際には、この台詞とは少し違っていたかもしれないが、確かにそういった内容の言葉を吐き、私はその時点で知る限りの丁寧な言葉使いをして慇懃無礼さを強調した。私の言葉を聞いたその教師の表情は瞬時に変わり激情に駆られているのがわかった。その後、その教師は怒りにまかせて、強烈に怒鳴り散らし、私は怒られる時間が長くなり、その後の数年その教師に嫌われることになった。今の私ならそんな何の得もない行動はせず嵐がすぎるのを静かに待つと思うが、その時の私は自分自身の価値観や道徳観などもっていなかった教師に、そのことを認識させることができただけで達成感と満足感を味わっていた気がする。当時の私は一体何に達成感を求めていたのか、自分でもかなり謎である。自分の子どもにはもっと有意義なことに対して達成感を味わってほしいと願ってしまう。

しかし、そのような思春期特有の刺々しい思考回路を差し引いても、私の出会った中学校の教師の行動はあまり褒められたものではなかったと思う。「先生」という優位な立場に酔いしれて、忘れ物をしただ

けで力いっぱい殴りつけたり、さりげなく制服の上から体を触ってきてはシラを切るなど、大人の嫌な面を惜しげもなく披露する人物に運悪く出会ってしまった気がする。

また、クラスの女子生徒たちはいくつかの群れを形成して、勢力拡大競争をし、弱い者や自分の理解できない価値観や人間性をもっている者を追い詰めたり、いじめたりしていた。私はどの群れにも属していなかったが、普段はそれなりにうまくやっていた。それでも、群れに属さないゆえに時折苦しい立場に追いやられていたのも事実である。

男性に比べて多くの女性は年齢を問わず、学校のクラス、職場、ママ友達集団などあらゆるところで群れを形成する習性があるように思える。群れを成す理由を考えるといくつか浮かんでくる。羊が群れをなすのと同じで外敵から自分を守るためとか、まちがった民主主義思想の刷り込みによって群れで行動することによって多数派になることができ、より強い支配力や影響力をもてると感じているため、あるいは江戸時代の五人組みのように一人だけ得をしたり、一人だけ抜きん出たりすることを抑制する力を働かせるためなどである。私は群れ所属の経験がまだまだ未熟であるし、その利点をいまいち実感できていないので、群れる理由の本当のところはわからない。少し話が逸れてしまったが、そういうわけで、いろいろな物事について考える思考をもちはじめた中学生の頃は、みずからの反抗心が仇となってあまり楽しい日々ではなかった。

楽しくなってきた高校時代

高校に入ると状況は変わり、入学した高校には、教師たちをはじめ、周りのクラスメートも好感のもてる人物が多かった。私は人を心から信頼することが苦手なため友人がとても少ない。しかし、その私の数少ない友人のほとんどはこの高校時代に出会った人たちである。その友人たちは一般的な価値観に振り回されて右往左往することもなく、各々に自分なりの価値観を年とともに熟成させており、いまだにその友人たちから元気を補充してもらっている。

また、その高校の生物科目を担当していた教師は私の中に眠っていた興味を呼び覚ましてくれたように思う。その教師は、暗記に頼りがちな生物の授業を、「こういった生物の不思議を解明するには、どういう実験をしたらいいか」、「こういった実験では、どんなコントロール実験をおこなえば、自分の証明したいことがはっきりするか」など考えさせるような授業にしていた。というのも、その教師は、高校に赴任する前は、大学で博士号を取得し、その後も数年間研究をおこなっていた研究者だったからである。暗記ばかりの授業に興味がもてなかった私も、生物の授業だけは楽しみにしていた。しかし、人間がそう簡単に変われるものではなく、不真面目な私は生物以外の授業、とくに嫌いだった歴史の授業の時に、学校の二メートルはあろうかという塀を近くの木によじ登って飛び越え、駅裏の古く小さい映画館でヨーロッパの映画を一人で観に行っていたりしていた。当時の親が知ったら悲しむと思うが、もう一〇年以上前のことなので、きっと笑って許してくれると思う。

そんな調子で大学受験を迎えてしまった私は、さしてどの大学にも憧れがなく、大学に進学することさえもあまり興味がなかった。その時の一番の興味は、その年齢の多くの女の子と同じように素敵な男の子とつき合うことだった。幸運なことに、当時の私には、スポーツ万能で長身で私をいつも楽しませてくれる彼氏がいた。他のことにはあまり興味のなかった私も、彼氏のこととなると一生懸命だった。その人が行くところは、どこへでも一緒に行きたいと乙女チックに願っていた。そんな彼氏が、ある大学に進学するというので、私も同じ大学に行くと決めてしまった。二人で楽しい大学生活をおくるはずだったが、結果的には私だけがその大学に入学することになってしまった。

無気力な大学生活

一緒に楽しい大学生活をおくるはずだった人が自分のそばにはおらず、一人暮らしもはじめてだった私にとって、大学生活はあまり楽しいものではなかった。大学の授業も、高校の授業と似たり寄ったりで、「この分野では、こういうことがわかっています」みたいなことを講義で聞かされ、たくさんノートをとって、授業に毎回出席して、テストではたくさん暗記をしてきた人が良い点数をもらえるようなシステムのように思えた。私の通っていた学科は「生物生産学科」といい、おもに農学などを扱っていて、大学三年生頃になると、各研究室の教授などがついておこなう生物学実験があったが、その実験も毎回全員のやることが決まっており、結果も実験を組んだ教授が全部把握しているという状況だったためか、私は無気力に参加していたらしい。というのも、後になって大学院生になってから仲良くなった他の研究室の教授が、学生実験の時の私の授業態度について話してくれたからである。

「君は悪い意味で印象的だった。君は僕の実験の授業の時、僕が実験の説明をしている間中他の子としゃべっていて、そのことを注意したら今度はしゃべらずに爪を磨きはじめて、その時はこいつほんとに頭にくる奴だなと思ったんだよ」

と言われたことがあるからだ。その時のことをはっきりとは覚えていないが、その話を聞くかぎり、当時の私は大学に通う学生の本分を完全に忘れ去っているふとどき者だったと言える。私も手伝いをしたことがあるのでよくわかるが、研究と教育の両方を担う教授たちにとって、学生実験や講義の準備はとてもたいへんなことだし、学生にできるだけわかってもらおうと準備してきた講義をまったく聞いていない学生がいたら、腹が立って「聴いてないなら退場！」と言ってしまいそうである。

そんな私も、大学三年生の後半には研究室に所属することになった。各研究室には配属人数の上限が決まっているため人気の高い研究を希望する場合、成績の良い人だけが入れたり、話し合いにもつれこんだりと、同級生の間ではけっこうもめていたのを覚えている。私はと言うと、そもそもそんなめんどうなことに関わりたくなかったので、その学年で人気が薄かった昆虫を扱う研究室を希望して、すんなりと配属されることになった。

卒業研究との出会い

大学三年生の後半に研究室に配属になった後、研究室の先生から最初に研究室の使い方の説明を受けた。

それは、実験室の使い方や決まりごと、掃除当番、ゼミの予定、研究室の運営方法などに関することだった。それまで大学には自分の所持品を置く場所や調べ物をする場所などは図書館しかなかったが、研究室に自分の仕事机とロッカーをもらい自分の居場所ができた私は、授業以外の時間はほとんど研究室ですごすようになった。入り浸っていた研究室で、いったい何をやっていたかというと、論文の一つを読むわけでもなく、研究室のお茶を飲み、お菓子を食べ、パソコンを使いこなすという名目のもとオセロのネット対戦をして先輩方の邪魔ばかりしていた気がする。

そんな私も四年生になる少し前に研究室の先生と卒業論文の研究テーマについて話し合いをおこない、昆虫の中で一番華やかで好きだったチョウに関係することを卒論のテーマに選んだ。翅の柄が妙に気持ちの悪い蛾や、虫メガネでしか確認できないような小さすぎる虫を研究するのはなんとなく気が乗らなかったからである。

卒業研究には目的があったが、そこに至るまでの実験方法などは、自分で自由に決めることができた。この時、私の研究のめんどうを見てくれた先生が、強要や無理強い、押しつけなどとは対極にある研究者で、いつでも喜んで研究の相談にのってくれ、私が卒論生であってもいつも対等な研究者として扱い、研究者として経験が深い自分の方が正しいといった態度を決して取らない人物だった。「先生」というと、生徒に対して高圧的で、正当な理由がなくとも自分の方が正しいと押しつけるイメージが強かった私にとって、この人物との出会いは感動的であった。研究は、何でも知っている偉い先生の言うなりなのではなく、自分で実験設定をおこない、自分の思った通り自由に生物の不思議に迫れるのだと実感した。その時、私は研究に対してやる気がみなぎり、愛着が湧いていることに自分でも驚いていた。そういった類の真っ直ぐな感情は私には湧きおこらないものだとどこかで諦めていたが、それが自分にもあったのだと気づいたとき、なんとなくほっとした気持ちになった。

卒論作成をはじめて間もない頃の私は、毎晩寝る前になると次の日に研究室でどんな実験をしようか、どんな解析をしようか、どんな論文を読もうかと妄想に耽るのが大好きで、その妄想を「次の日にやりたいこと」として手帳に毎日書き込むことを日課にしていた。

予想外の実験結果

私が卒論の研究材料にした昆虫は、キタキチョウ（口絵1）とキチョウ（*Eurema hecabe*）である。このとても近縁な二種のチョウは、私が卒論研究をおこなっていた当時は別種であるとされていたわけではなく、同種の中の別系統であるとされていた。しかし、この二系統のチョウの形態的特徴、分布域、生態的特徴ははっきりと異なることが示されており（口絵2）、私の仕事は分子レベルでも異なっていることをはっきりとさせることだった。キタキチョウは、その名のとおり、日本の北の方に分布しており、北は東北の岩手県から南は沖縄本島までである。一方、キチョウは沖縄島以南にしか存在していない。この二種では、生殖隔離[*1]も起きており、キタキチョウのメスはキチョウのオスと交配すると次世代が正常に発育しない。しかも、チョウのもっている酵素の型によってもこの二種は分化していることが示されていた。当時、

図2・1　実験に用いたキタキチョウとキチョウの採集地点．記号の大きさは数を相対的に表している．

同種とされていた二系統のチョウを分子レベルでもはっきりと異なると示すことによって、二系統が完全に別種であるという確証が必要とされていた。

そこで、まず私は全国各地から集められた二系統のキチョウのDNAを抽出した（図2・1）そして、それらのキチョウにおけるミトコンドリアDNA（ND5領域と16SリボソームDNA領域）の塩基配列を決定し、分子レベルでの分化の程度を比較しようとした。私の予想では、ミトコンドリアDNAにおいても、もちろんキタキキチョウとキチョウは完全に分化していると思っていたが、結果はその予想に反するものであった。

分子系統樹というものは、DNAの塩基配列の違いから分子レベルにおける近縁関係を推定して表すもので、枝の近くに位置するもの同士は分子レベルでは近縁であるとされ、遠くの枝に位置するもの同士は遠縁であると推定される。では、私が作ったキチョウ二系統の分子系統樹はどうなっていたのだろうか（図2・2a、b）。大きな二つのグループを形成していることは、ND5,16Sどちらの領域においても同様である。しかし、そのグループは、キタキチョウとキチョウでは分かれてはいない。一つのグループには、キタキチョウのみがグループとして固まって存在しているが（図のグループ1）、もう一方のグループには、キタキチョウとキチョウが仲良く存在している（グループ2）。通常、同じ場所で採集したチョウ同士というのは兄弟姉妹である可能性が高く遺伝的に近縁な個体である場合が多い。しかし、この分子系統解析に用いた同じ日・同じ場所で採集した松戸産個体（松戸1と松戸2）と埼玉産個体（埼玉1と埼玉2）は（図2・2の点線で囲んである個体）、各々別のグループに含まれている。

私はキチョウ二系統において分子レベルで何が起きているのか予想も立てられず、この不可解な結果を前に、もんもんとしていた。

（＊1）生殖隔離：広義には二つの個体群の間での生殖がほとんどおこなえない状況すべてをさす。狭義には複数の生物個体群が同じ場所に生息していても、互いの間で交雑が起きないようになるしくみのことである。生殖的隔離が存在することは、その両者を異なった種と見なす重要な証拠と考えられる。

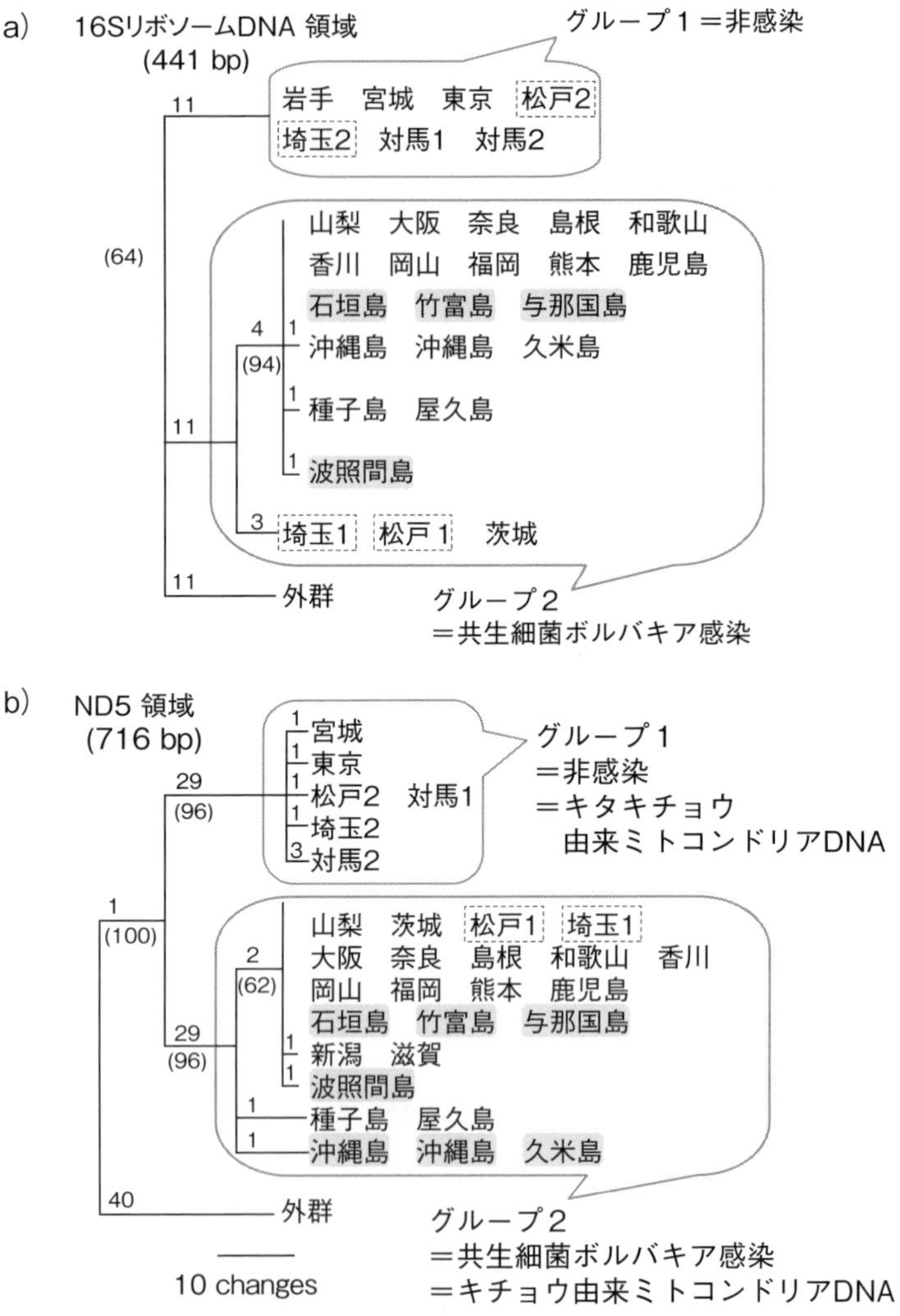

図2・2　a）ミトコンドリアの16SリボソームDNA領域を用いたキタキチョウとキチョウ（灰色）の分子系統樹．枝の近い位置関係にある個体同士は近縁、遠い位置関係にある個体同士は遠縁である．枝の上の数字は塩基置換数．枝の下のカッコ内の数字はブートストラップ値．ブートストラップ値とは：系統の確からしさを検証した値．最高値は100である．
b）ミトコンドリアのND5領域を用いたキタキチョウとキチョウ（灰色）の分子系統樹．

コラム　ミトコンドリアＤＮＡと系統推定

分子レベルで二系統に分化が進んでいることを示すために、ＤＮＡの塩基配列を明らかにし、その塩基配列の違いによって分化のレベルを測る方法がある。ＤＮＡには、細胞内の核に含まれる核ＤＮＡと細胞内の細胞質の部分に存在するミトコンドリアＤＮＡの二種類がある。この二種類のＤＮＡは、細胞内で存在する場所が異なるだけでなく、遺伝する方法も異なる。核ＤＮＡは父親と母親の両方から半分ずつ引き継がれるが、ミトコンドリアＤＮＡは、母親のもっていたミトコンドリアをそっくりそのままもらうのである（図2・3）。核ＤＮＡには生物の体を生かすために重要なタンパクなどを合成している遺伝子が多くコードされており、そのような重要な遺伝子の配列がドンドンと変化（置換）していってしまったのでは生体維持に不都合がでてしまう。そのため、核遺伝子の進化速度はかなり緩やかであることが知られている。一方、ミトコンドリアＤＮＡは、進化の研究をするのに有効ないくつかの特徴をもっている。ミトコンドリアＤＮＡは核Ｄ

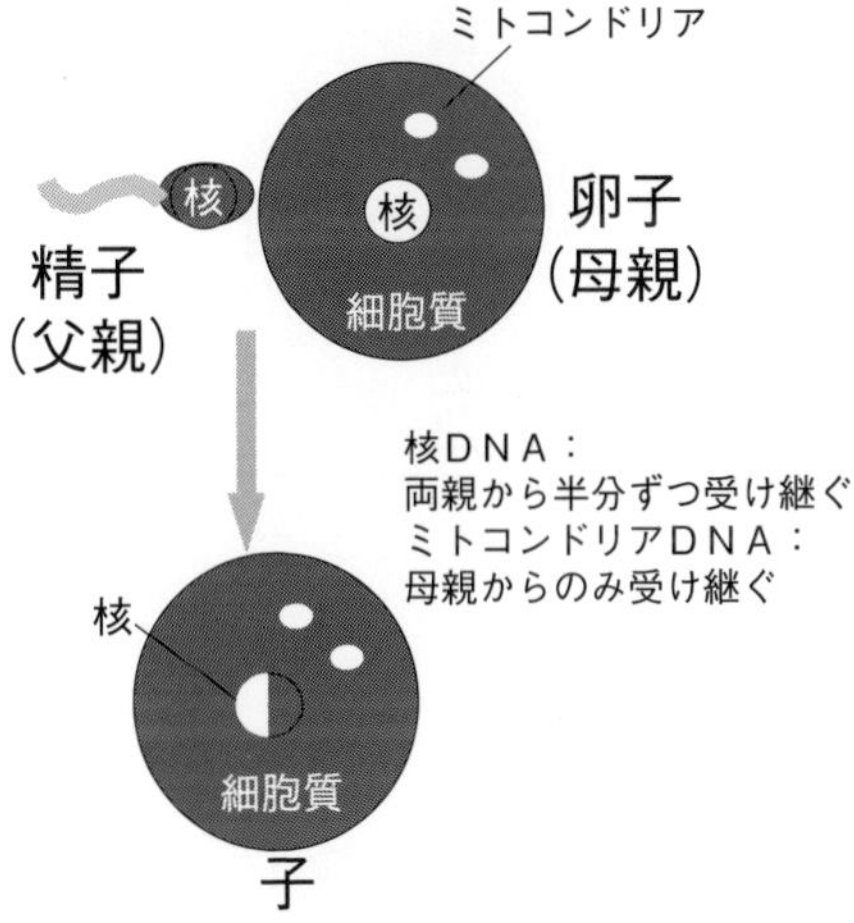

図2・3　ミトコンドリＤＮＡと核ＤＮＡの遺伝の仕方の違い．子の核ＤＮＡは父親と母親の両方から受け継ぐが、ミトコンドリアＤＮＡは卵子にしか入っていないため母親のものをそのまま受け継ぐ．

NAに比べて塩基置換の起こる速度が五倍から十倍速いことがあげられる。また、父系および母系の入りまじった核DNAとちがい、実験手法が簡便になり、系統関係を推定するのにミトコンドリアDNAが適しているとされている。

論文の難解な英語

数日間もんもんとしていた私は、こんなことでは何も解決しないのだと自分に喝を入れた。この意味のわからない結果は、まぎれもなく真実であり、確実に生物学的な理由に根差しているはずである。予想に反する実験結果が、生物の不思議や謎を解く道にいっきにつながることは少なくない。しかし、もちろん予想に反した結果の謎を解くことができなかった場合、その結果は一生日の目をみることもなく、実験ノートとともにお蔵入りになってしまうかもしれない。

私は焦っていた。私は卒論生である。今から別の新しい実験を組みなおして卒論をおこなう時間はなく、留年しないためには、何が何でも今もっている実験結果で卒論を書きあげ、卒業しなくてはならない。自分のもっている知識では、結果に対して生物学的根拠に根差した予想が立てられない時は、自分がまだ知らない多くの情報を得ることで解決につながることがある。そのため、私は関係のありそうな論文や本を読み、なんとか予想を立てようとした。ちなみに、論文や本はそのほとんどが英語で書かれており、その論文の英語というのは、文法的にもかなり堅い学術英語である。学生時代に不抜けてすごしてきた私の英語能力が高いはずもなく、論文に何が書いてあるかを理解しようとするだけでかなりの時間を要し、この時になって過去の自分から相当きついしっぺ返しを食らうことになった。

不抜けていた過去の自分を恨みながらも、関連するような分野の論文を何篇か読んでいた私は、ある時、論文の中で、「昆虫の細胞内に共生する細菌が、宿主昆虫の種分化や進化に影響を与える可能性がある」という文章を見つけた。その時、なんとなくピンときた。そして、その日のうちに指導教官にそのことを話し、自分が用いたすべての実験個体において共生細菌の存在を確認しても良いかと聞いた。卒論の締め切りが差し迫っており、その時期から実験を追加することは、あまり好ましくない状況であったし、私の提示した理由は科学的根拠に完全に根差していたわけではなく無駄骨となる危険性が高い実験ではあったが、私の勘と意見に賛同してくれた。

不可解な系統関係の原因

系統樹作成に用いた個体すべてにおいて、共生細菌の有無を確認した結果、共生細菌は一部の個体では存在していた。その共生細菌は、第1章でも登場してきた宿主に生殖操作を引き起こすことがあるボルバキアという細胞内共生細菌である。

そのボルバキアの感染状態とミトコンドリアの分子系統関係を照らし合わせると、キチョウ二系統の分子系統関係は、細菌ボルバキアに感染している個体と、していない個体のグループに分かれていたのである（図2・2a、b）。その時、脳内でドバッと快感物質が分泌された気がした。不可解で闇雲に配置されているように見えた分子系統関係の原因はボルバキアの感染にあるということがはっきりしたからである。予想ができなかった実験結果には原因があり、その原因を自分で突き止められた時には、他では味わえないような達成感と満足感でいっぱいになれる気がする。

卒論の時点では、残念ながらボルバキアが感染しているとなぜこのような系統関係になるのかまでは明らかにすることはできなかった。修士課程に進んだ私は、さらにその原因と理由を追求することにした。

ボルバキアは何をしていたか？

キチョウ二系統で見つかった共生細菌ボルバキアは昆虫では頻繁に感染が見つかる細胞内共生細菌であり、その感染率は昆虫種で三〇〜七〇パーセントであるとされている。ボルバキアは宿主の細胞質に存在し、母親の卵から子への垂直伝播がおもな感染方法である。そのため、ボルバキアは伝播効率を上げるため、「単為生殖」、「オスからメスへの性転換」、「オス殺し（宿主の息子殺し）」、「細胞質不和合」など感染個体の生殖を操り、集団内で感染率が効果的に高まるように宿主に働きかける（図2・4）。ボルバキアは垂直伝播する内部共生細菌の中でももっとも広く繁栄しており、宿主に対する生殖操作の種類も多様であるとされている。ボルバキア系統の同定方法はいくつかの遺伝子の塩基配列決定によっておこなわれる。キチョウ二系統に感染が確認されたボルバキアは、細胞質不和合を引き起こすボルバキアであった。細胞質不和合は、感染メスは感染・非感染どちらのオスとも子どもを残せるが、非感染メスは非感染オスとしか子どもを残せない。つまり、非感染個体は、世代を追うごとに孤立していき、生殖的・遺伝的な隔離が集団内で引き起こされうる。

キチョウ二系統は生態学的な違いから遺伝的にも進化的にも分化しているのは確かである。形態的特徴や、生態的形質、遺伝的な隔離形質はミトコンドリアDNAではなく核DNAにコードされている。通常、核DNAとミトコンドリアDNAは同じ個体に存在するため、同じような進化を遂げていくわけだが、今回のようにミトコンドリアDNAの存在する細胞質に遺伝的な隔離をもたらすような共生細菌が存在している場合は特別な力が働く場合がある。

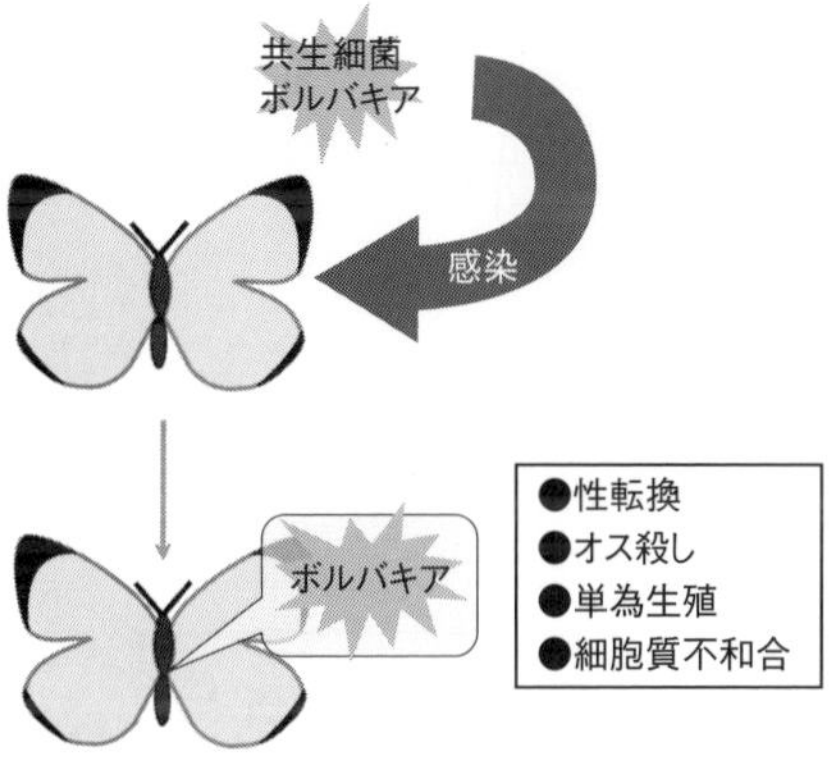

図2・4　共生細菌ボルバキアの感染によって引き起こされる宿主に対するさまざまな生殖操作.

そこで、キチョウ二系統は遺伝的・進化的に分化しているが、ボルバキアと一緒に遺伝していくミトコンドリアDNAだけがおかしなことになっているということを証明するために、同じ個体の核DNAがどうなっているのか調べておく必要があった。核DNAの解析結果は、

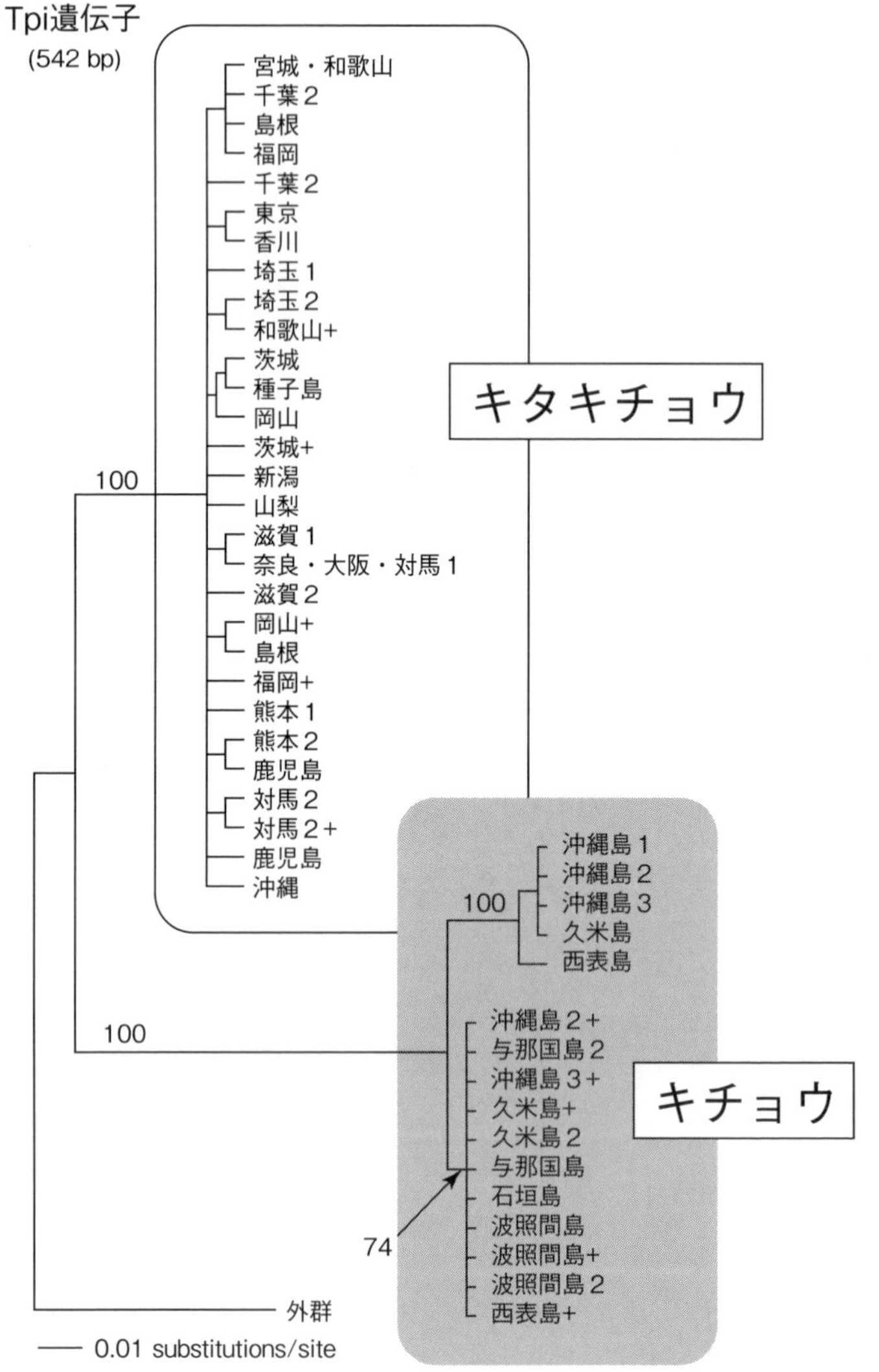

図2・5　核DNAのTpi遺伝子を用いたキタキチョウとキチョウ（灰色）の分子系統樹.

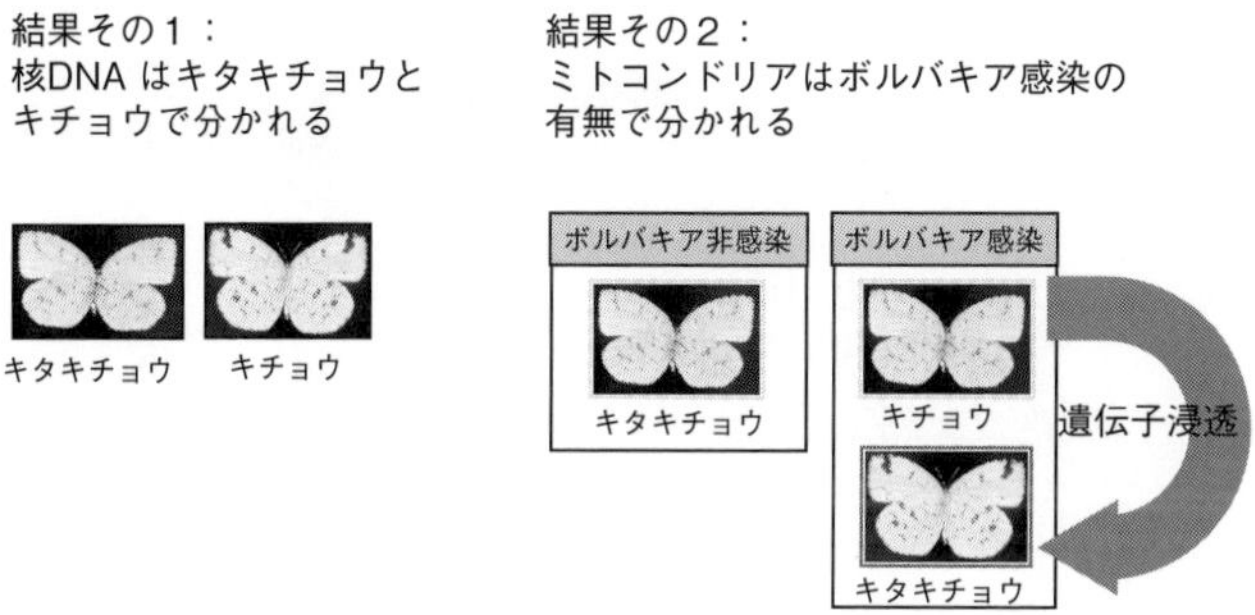
結果その1：
核DNA はキタキチョウと
キチョウで分かれる
キタキチョウ
キチョウ
結果その2：
ミトコンドリアはボルバキア感染の
有無で分かれる
ボルバキア非感染
キタキチョウ
ボルバキア感染
キチョウ
キタキチョウ
遺伝子浸透

図2・6　二種のキチョウにおける核ＤＮＡとミトコンドリアＤＮＡの系統関係.

キチョウ二系統が、はっきりと二系統に分化していることを示していた(図2・5)。

核DNAの解析によって、キタキチョウとキチョウは別種であると言って良いほど分化していることが明らかになり、数年後には二系統ではなく別種であるとされることになった。

ではなぜ別種であるキチョウとキタキチョウのミトコンドリアDNAは混乱してしまったのであろうか。ミトコンドリアDNAに関しては別種同士が同じタイプのミトコンドリアをもっていることを示した。ミトコンドリアDNAと核DNAの関係が一致せず、あべこべになる現象は異種間での交雑による遺伝子の交換、つまり「遺伝子浸透」の結果として起こる場合がある。遺伝子浸透は、植物、動物などさまざまな生物で時折みられる現象である。

もう一度、キチョウ二種のミトコンドリアDNAの分子系統樹をよく見ると、何から何へ遺伝子が浸透したか予想できるだろうか(図2・2b)。グループ1にはキタキチョウしか含まれない。そして、キチョウはすべて下のグループ2に含まれている。このことから、グループ1のミトコンドリアは、キタキチョウ由来のもので、グループ２のミトコンドリアはキチョウ由来であると考えられる。奇妙なミトコンドリアをもっているのは、キチョウ由来であるミトコンドリアをもっているグループ２に含まれているキタキチョウである。つまり、グループ２に含まれるキタキチョウのミトコンドリアは別種であるキチョウのものであり、これらの個体のミトコンドリアＤＮＡはキチョウから遺伝子浸透したと言える（図２・６）。

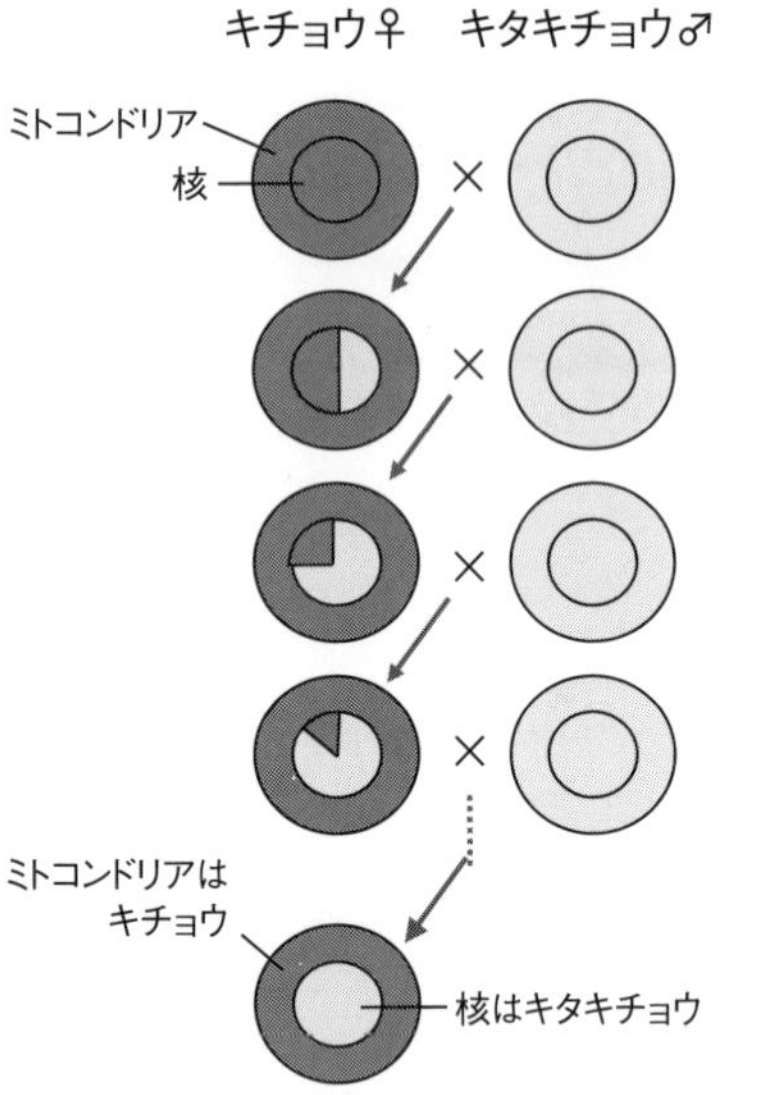

図2・7　キチョウからキタキチョウへのミトコンドリアＤＮＡのみの遺伝子浸透.

この現象も、図を見ながらだと少し理解しやすいかもしれないので、図を見ながら文章を読んでいただきたい（図２・７）。キチョウのメスが、キタキチョウの集団に迷い込む。この場合、迷い込んできたキチョウのメスはキチョウの核ＤＮＡとミトコンドリアＤＮＡをもっている（二重丸の外側がミトコンドリアＤＮＡ、内側の丸が核ＤＮＡを表す）。このキチョウメスは周りにいるキタキチョウのオスと交配して子どもを残す。そうすると、その雑種の子は、母親と父親から半分ずつ核ＤＮＡを受け継ぐが、ミトコンドリアＤＮＡは一〇〇パーセント母親由来のものをもっている。また、その雑種の子が子を産む場合、周りにはキタキチョウのオスしかいないので、キタキチョウのオスと交配する。すると、その次世代の子の核ＤＮＡは、キチョウ由来の核がさらに半分になっているが、ミトコンドリアDNAは、完全にキチョウのものである。こうして、何世代か雑種がキタキチョウと交配していくと、核はキタキチョウのものをもち、ミトコンドリアDNAはキチョウのものをもつという核とミトコンドリアの由来があべこべになっている個体が出現するのである。

ちなみに、この二種では生殖隔離が起きているため、キチョウのメスはキタキチョウのオスと交配して雑種の子どもを残せるが、キタキチョウのメスはキチョウのオスとは子どもを残せないため、キタキチョウからキチョウという逆方向の遺伝子浸透は起こり得ない。

この二種のキチョウがどのくらい前から別々に進化してきたかはミトコンドリアDNAの塩基置換している率から推測することができるが、今回の得られたデータから計算した結果、キチョウ二種はおよそ二〇〇万年前に徐々に別種に分化していったと推定された。二〇〇万年前というと日本列島が本州と南西諸島にトカラ海峡によって分断されていった年代と重なる。これらの手掛かりから「ミトコンドリアの遺伝子浸透」と「感染ボルバキアの効果＝細胞質不和合」、「日本列島の分断と繋がりの地史」、「二種のキチョウの分化した時期」などを総合的に考えると、二種のキチョウの辿ってきた進化が見えてきたのである。日本が本州と南西諸島に分断される地史には二通りか説があるため、分断までの経緯は二通り示したいと思う（図2・8a、b、c）。

まず、キチョウは南西諸島と日本列島の分断により、別種に分化をはじめる（図2・8b、c）。南西諸島のキチョウには細菌ボルバキアが感染し、蔓延する（図2・8e、f）。分化を進んだところで、キチョウメスが本州に移入しキタキチョウオスと交配し雑種を残し、ミトコンドリアDNAのみがキチョウのも

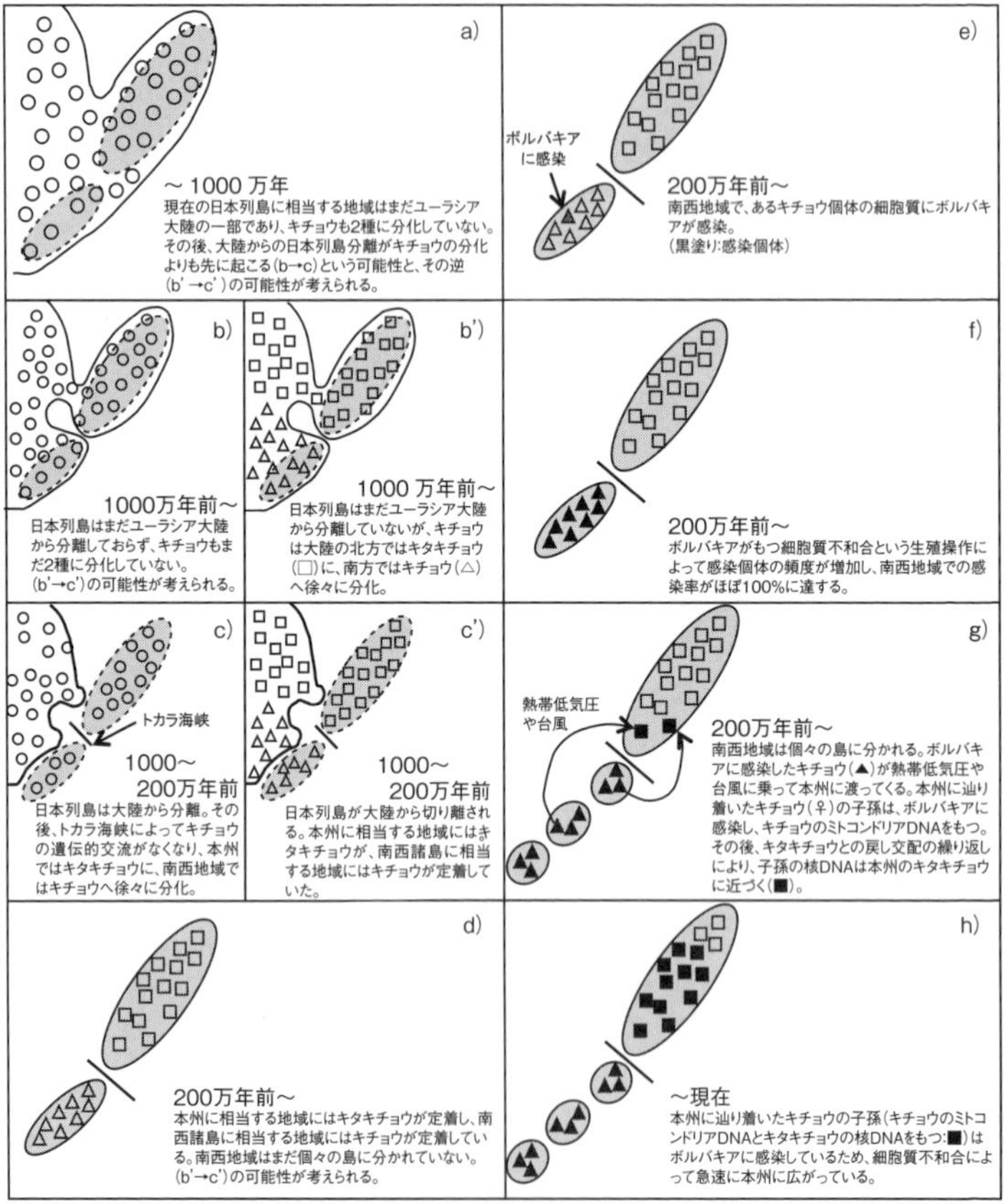

a)
～1000 万年
現在の日本列島に相当する地域はまだユーラシア大陸の一部であり、キチョウも2種に分化していない。その後、大陸からの日本列島分離がキチョウの分化よりも先に起こる（b→c）という可能性と、その逆（b'→c'）の可能性が考えられる。
e)
ボルバキアに感染
200万年前～
南西地域で、あるキチョウ個体の細胞質にボルバキアが感染。
（黒塗り：感染個体）
b)
1000万年前～
日本列島はまだユーラシア大陸から分離しておらず、キチョウもまだ2種に分化していない。
（b'→c'）の可能性が考えられる。
b')
1000 万年前～
日本列島はまだユーラシア大陸から分離していないが、キチョウは大陸の北方ではキタキチョウ（□）に、南方ではキチョウ（△）へ徐々に分化。
f)
200万年前～
ボルバキアがもつ細胞質不和合という生殖操作によって感染個体の頻度が増加し、南西地域での感染率がほぼ100％に達する。
c)
トカラ海峡
1000～200万年前
日本列島は大陸から分離。その後、トカラ海峡によってキチョウの遺伝的交流がなくなり、本州ではキタキチョウに、南西地域ではキチョウへ徐々に分化。
c')
1000～200万年前
日本列島が大陸から切り離される。本州に相当する地域にはキタキチョウが、南西諸島に相当する地域にはキチョウが定着していた。
g)
熱帯低気圧や台風
200万年前～
南西地域は個々の島に分かれる。ボルバキアに感染したキチョウ（▲）が熱帯低気圧や台風に乗って本州に渡ってくる。本州に辿り着いたキチョウ（♀）の子孫は、ボルバキアに感染し、キチョウのミトコンドリアDNAをもつ。その後、キタキチョウとの戻し交配の繰り返しにより、子孫の核DNAは本州のキタキチョウに近づく（■）。
d)
200万年前～
本州に相当する地域にはキタキチョウが定着し、南西諸島に相当する地域にはキチョウが定着している。南西地域はまだ個々の島に分かれていない。
（b'→c'）の可能性が考えられる。
h)
～現在
本州に辿り着いたキチョウの子孫（キチョウのミトコンドリアDNAとキタキチョウの核DNAをもつ：■）はボルバキアに感染しているため、細胞質不和合によって急速に本州に広がっている。

図2・8　日本におけるキチョウ二種の進化モデル.

のをもった個体が出現（図2・8g）。しかも、それらの個体は細胞質不和合を引き起こすボルバキアに感染しているため、日本にどんどんと広がっていき、現在もその勢力は拡大中である（図2・8h）。

この研究から、共生細菌が宿主に引き起こす細胞質不和合という操作によって、遺伝的にあべこべになっているような個体をいっきに広がらせるような進化的な圧力をもつことが明らかになった。

研究をはじめてすぐにこのような、進化生物学的に意義のある発見をしたことは私にとってとても幸運なことであった。しかし、実験を組み、驚きの現象に出会い、生物学的な考察をつけて、卒業論文や修士論文を書きあげるだけではまだ「研究」として完結したわけではなかった。生物学的に意義のある研究を世界中の研究者に認識してもらい共有するためには、国際学会で発表し、国際的な学術科学雑誌に論文を発表しなければならないのだが、そこに至るまでの過程は私にとってはたやすいものではなく、自分のあまりの不甲斐なさに悲しくなることもしばしばあった。そのことについては次の章で書きたいと思う。

第3章

研究結果が得られたら

研究を発表しておくわけ

私が卒論生や修士の学生の時、自分で実験計画をたて、たくさん実験をこなし、膨大な実験データを解析していると、自分もいっぱしの研究者の仲間入りを果たしたような気がしてきて少し誇らしかった。その私の変な思い込みに拍車をかけたのは、論文と名のつく、「卒業論文」や「修士論文」を書いていることだったと思う。

研究において、調査をし、実験をこなし、解析をすることは重要なことである。しかし、そのことが研究においてもっとも重要なことではないと感じる。たくさん実験をこなし、生物学的に意義のある発見をして、それらの結果を卒論や修論としてまとめる有能な学生は多い。しかし、卒論や修論は、各研究室に保存こそされてはいるが、それらが外部の研究者の目に触れる機会はまったくといっていいほどないのである。学術的に意義のある研究を遂行したとしても、卒論や修論にまとめるだけでは、世界中で生物の不思議を解明しようと努力する研究者に知られることはなく、極端な言い方をすればその研究は最初からおこなわれなかったものと一緒になってしまう危険性がある。

生物学においてはとくに研究の前進や躍進は一人の天才によって生みだされるというより、さまざまな分野でおこなわれる研究の積み重ねによって生みだされていくものである。現在、世界中でおこなわれている研究は、太古から人類が積みあげてきた研究や知識を元にしておこなわれているし、そうやって研究や科学は前進していく。つまり、自分の研究が今の段階では小さな発見のように見え、他の分野とは関わっていきそうにないと思える研究でも、後になって他の研究と考え合わせたときに、科学の大きな躍進に貢献する可能性を秘めている。そのため、どのような研究であっても、自分の研究を世界の人々がいつでも参考にできる状態にし、人類の共有財産としておくことがとても重要なのである。

現在のところ、自分の研究を世界の共有財産にするもっとも有効な方法は、国際的な学術雑誌に研究論文を掲載することである。そして、その研究論文を効果的に多くの研究者に認識してもらうために、論文発表の前後にその研究の内容を学会で発表する。

私の場合、大学院に入ってすぐに第2章で紹介したキチョウ二種の共生細菌との進化の研究がほぼまとまっており、その研究を国際学会で発表し、学術雑誌に掲載することが次の目標であったが、卒論や修論を仕上げることとは別次元とも思える困難さを感じ、どうやって努力して良いのかわからなくなっていた。

学会に参加してみる

研究室では、卒論や修論のデータがある程度まとまってくると学会で発表することが勧められていた。しかし、団体行動が少しばかり苦手な私は、みんな仲良く同じ学会に出席して発表し、同じホテルを予約したり、みんなで学会中にお昼を食べたりするのは、なかなか気が乗らなかった。そこで、目をつけたのが他の研究室のメンバーの間ではあまり人気のなかった国際学会である。たまたま、自分が学会発表をおこないたいと思っていた時期に、私の研究を発表するのに適した分野の国際学会を案内しているパンフレットが研究室に届いており、私はその学会で発表することに決めた。

はじめておこなう学会発表を母国語ではない英語でおこなうことに対しては、当時の私は不安もあったが、それよりも期待の方が大きかったように思う。それに、もちろん一人で渡航するわけではなく、私の研究を積極的に支えてくれていた指導教官が一緒だったこともあって、学会に行くため国際線の飛行機に乗っている時に私の気分はすでに高揚し、現地に到着するまでの間、機内で教官とビールを飲みまくっていた。学会での私のはじめての発表は本当にたどたどしい英語であったが、私の発表を聴いていた研究者たちはとても温かく、私の研究内容に興味を示し、なかにはとても参考になる助言をくれた方もいた。そして、私のやる気をさらに向上させてくれたのは、現役バリバリで活躍している研究者が「君の研究は国際的な学術雑誌に論文を掲載する価値があるから、すぐに論文を書きはじめた方が良い」と私に勧めてくれたことだった。その時点での私は、研究の世界のことや論文執筆についてほとんど知識がなかったし、自分の研究結果が国際的な論文として認められるのかどうか自信がなどあるはずもなかった。しかし、この時に言われた言葉に勇気づけられ、国際誌に論文を投稿することを現実的な目標としてとらえるようになった。

国際学会には自分の研究を認識してもらうという効果の他にもたくさんの有意義な効果があると思っている。海外での学会は世界の多くの研究者とのつながりを作る場となりうるからである。日本国内で生物種を採集して研究に用いることはそれほど難しいことではないが、海外で採集をすることは手続き上の難しさもさることながら、現地における天候や生物相を把握していなければ採集調査は収穫がなく困難を極めることがほとんどである。そのため、現地の状況を把握している人物と一緒に調査をすることが望ましく、そのような人物と出会う場所としては、さまざまな国や地域の研究者が同じ興味をもって集う国際学会が絶好の場所なのである。

実際に、私もはじめての学会でそのような人物と出会うことができた。私は当時、キチョウ二種と共生細菌の進化について研究していたが、それは日本に生息する個体だけを扱ったものであった。じつはキチョウは日本だけでなく東アジアに広く分布するチョウであるが、日本以外の地域におけるキチョウの研究はほとんど進んでいない状況であったし、機会があれば他の国に生息するキチョウではどんなことが起きているのかについても調べたいと思っていた。そんな折、私の発表を聞いた韓国の大学の研究者が声を掛けてくれたのである。彼は、私の研究が興味深いと述べ、日本以外の地域のキチョウでもその進化について調べてみればおもしろいだろうし、自分が調査に行く時に私が望めば声をかけると言ってくれた。もちろん、私は採集の際には誘って欲しいという意思を伝え、幸運なことに、その数ヵ月後にその研究者の案内に助けられながら韓国での調査が実現した。

コラム　韓国済州島での調査

はじめての国際学会で、出会った韓国人の研究者と彼の研究室のメンバーと一緒に韓国でのキチョウの採集調査が現実となったのは、その学会から三ヵ月がたっていた時である。ある日、なにげなく大学のパソコンを開くと、その研究者から調査のお誘いメールが届いていた。メールには「二週間後に研究室のメンバーで韓国の済州島でチョウ目の採集旅行をしようと思うのだけど、君もよかったら参加しないかい?」そんなようなことが書かれていた。私は、大学院に入りたての一年生で海外での調査など未経験であったし、学会でその研究者が「何かあったら誘うよ」と言っていたのはただの社交辞令だと思っていたために、そのメールを見たときは嬉しくて小躍りしそうだった。

しかし、はじめての海外調査は私にとってはそう甘くはなかった。まず、八月の韓国の済州島はとにかく暑いのである。私は、寒いのには強いが暑いのが苦手で、気温が高いところにいるとすぐに熱中症になって倒れたり、バテてしまったりする。しかも、一緒に調査に行った韓国人の研究室メンバーは一五人ほどだったが、そのほとんどは兵役を終えたばかりの体力をもて余しているような肉体系だったため、私の体力との差は歴然としていた。彼らは、朝から晩まで三〇度を超えているような灼熱の環境下でも、一日中、崖や木に登り、全力疾走でチョウを追いかけることができる。韓国では大学院に進学する人は、兵役を終えていることが多いため、年齢的には私よりも二、三歳年上の人が多かったが、男女差を引いて考えても私の体力は彼らよりも一〇歳くらい衰えているような気がした。

私は済州島のキチョウを一〇匹程度採集できれば満足だったため、調査初日でその目的は達成されていたが、同行した研究室の人たちはチョウ目昆虫の分類学をおもなテーマとしており、その調査では島全体の昆虫相の種数調査や分布調査、実験材料の採集などをすべてこなすため、毎日のように島全域に渡って移動し、走り回り、採集していた。朝は七時頃から山に入って調査を開始し、日が暮れるまで昆虫を追いかけて採集する。そして、日が暮れると山に入って、夜になると光に集まってくるような夜行性の昆虫を採集するためにライトトラップを張り、夜中まで採集を続ける。一日の調査が終わる頃になると私はヘトヘトで、空腹なはずなのに食欲さえなかった。

彼らはみな親切で、私のためにたくさんキチョウを採集してくれたし、私が山を登ることに疲れ果てていると両側からぐいぐい引っ張ってくれた。採集に参加した女子学生は私の他にも一人いたが、その韓国人の女の子は肉体派の男子学生に負けないほど体力があり、惚れ惚れするほどだった。その子と部屋が一緒だったので、夜はいろいろと話をしていたが、彼女の話を聞くと、彼女の強さの秘訣がわかった。韓国では兵役の義務があるのは男性だけで、女性にはない。しかし、その彼女は、近いうちに兵役に行くつもりだから、今からかなり鍛えているんだと教えてくれた。私はそれまで、みずからが兵士となって戦う可能性など考えたこともなかったが、実際に兵役を終えた大学院生の人たちが話してくれた兵役の経験を聞いていると、自分は本当にのほほんとした環境で生まれ育ったんだなと実感し、彼らと比べるとあまりに呑気で、もやしみたいな自分が少し恥ずかしかった。

韓国の済州島での採集期間中は天候にも恵まれ、キチョウも大量に採集でき、採集した韓国のキチョウはその後の研究に活用させてもらった。この時韓国で採集したキチョウと、キチョウの分類学者の方から譲っていただいた東アジア諸国（中国各地、韓国、タイ、ベトナムなど）におけるキチョウのミトコンドリア遺伝子の配列を決定し、その分子系統的な関係からキチョウの進化の道筋を推定した研究は、採集の二年後に学術論文として発表された。

国内での学会発表

ここまでの内容ついて読まれた方は、私は学会発表が大好きなやる気満々なタイプに思われかもしれないが、私は国内学会での発表がたいへん苦手である。研究をはじめた学生は最初に国内学会で発表することが多いが、私は最初に国際学会で発表し、最初の二、三年は国内の学会にはほとんど参加せず国際学会にばかり参加していた。国内学会を避けていたのには私なりの理由があった。国際学会は、発表言語が英語で自分にとっては母国語ではないので、少々いじわるなことや嫌味などを言われても言葉の雰囲気を完全に理解できるわけもなく、たいしてショックを受けることがないし、知り合いも少ないので自由にのびのびと発表をし、すごすことができる。しかし、国内での学会となるとそうはいかない。国内学会では、近い分野の研究者が勢ぞろいし、常連の研究者も多く、右も左も知り合いの研究者であることが多い。また、私の場合、将来の就職のことなどを考えるとなおさら緊張してくるのである。というのも、研究者にとっての就職は著名で力のある研究者の目に留まることが決め手になることも多々あることを知っているので、国内でダメな発表などをしたら生涯そのイメージが自分に付きまとう気がして絶対に失敗できないと精神的に追い詰められてしまうのである。しかも、母国語でおこなわれる学会では攻撃されていることや敵視されていることが容易に感じとってしまうため、いちいち落ち込んだりしてしまう。そのため、いまだに私は国内学会が苦手で、自分の発表前になると緊張しすぎて気分が悪くなってきてしまう。ある時、体調がいまいちだったこともあって、発表前に吐き気が襲ってきてトイレで吐いてしまったこともある。

その時、このままトイレに居つづけて、居留守（？）を決め込もうかとチラッと思ったが、けっきょくは戻ってカエル色の顔で発表をこなした。

学会発表についてもそうだが、研究生活を続ける間に、自分には得意なこともあるが、ふつうの人にはたやすくできるようなことでもたいへん苦手なことも多いとわかっていき、自分でも気づいていなかったさまざまな特性や性格を嫌でも認識するようになっていった気がする。

難航する論文書き

話を国際学会に戻すが、はじめての国際学会で多くの研究者に出会い、自分の研究が価値のあるものだと褒められた私は意気揚々と投稿論文にとりかかろうとしていた。国際学会に出席して、研究者を相手に英語で発表をしたし、卒論だって書きあげたのだから、英語で書く投稿論文とて怖くはないと思い込んでいた。しかし、科学研究の世界で通用する研究論文の掲載基準がそう甘いはずはなかった。

研究論文のたどる道のり

学術雑誌に論文が掲載されるためには、自分の狙った雑誌社に自分の研究論文を送り（投稿）、研究論文を受け取った出版社は、その論文に科学的な掲載価値があるかどうかを投稿された研究分野に強い現役の研究者数人に審査してもらう（査読）。その場合、論文を審査する研究者は公正性を重要視され、論文の著者はだれが審査しているのかを知らされないし、その両者が連絡をとり合うなど接触することはない。審査する側とされる側が接触することで力関係などによって圧力が生じ、公正に論文の掲載価値そのものに対する審査に支障をきたすことを恐れ、そういった状況を避けるようなシステムがつくられているのである。論文の審査では、その研究の新規性、有用性、科学的重要性などもさることながら、みずからの研究に関わる関連研究を把握し、それによって自分の研究の位置づけができているかどうか、また、得られた結果に対して科学的根拠に根差した正当な考えを論文で述べているかどうか、論文全体の論理構造の正確さなどが審査される。そして、もちろん英語の表現力、正確性なども必要で、この部分ができていないと論文の内容を確認するまでもなく「あなたには科学論文を書きあげるだけの英語力がありません」と論文の内容も見られずに、バッサリ切られる可能性もある。

ボロ論文からの改良

私は、大学院に入った年に投稿論文にとりかかったが、当時、私が自力で書いた論文は無残なものであった。結果に対する論理的な展開も危うく、周辺分野の研究知識も不足しており、書いた英語は話し言葉が混ざったまるでダメな文章であったし、絶対に論文とは呼べない代物だった。

しかしそんなボロボロな私の論文を高いレベルに引き上げてくれたのは、研究に情熱を燃やす同じ分野の研究者の方だった。この頃から、私は大学の研究室だけでなく、研究都市であるつくば市の研究所で共生細菌研究を扱っている研究室に出入りしており、そこの研究室のゼミにも参加したりしていた。そこの研究室の研究員たちはみな、斬新な研究をしており、名だたる有名雑誌に研究論文を発表していることで知られていた。その研究室に出入りできるようになったのも、ある学会でその研究室のリーダーに出会い、研究の話をしたのがきっかけである。

自分で書いた論文が、絶対に投稿するレベルに達していないと感じていた私は、そこの研究者に、論文を書けていないことを話し、どうやって努力すればいいのか相談した。そこの研究者は、論文作成で一番重要な点は論理構造であると教えてくれた。最初から母国語でない英語で書いてしまうと、論理的なつまずきに気づきにくいから、最初は論理を日本語で組み立ててみてはどうかと助言された。そう言われて実践してみると、いかに自分の書いたものがはじめからおわりまで意味のない文章の羅列で構成されており、壊れた論理構造をしていたかが浮き彫りになった。論理構造がおかしいのはわかる。しかし、どうやったら良い論理展開になるのかが、まだわからなかった。一つひとつの実験データから言えることを箇条書きにし、さらに全体を通して何が言えるのかということについて考えて思いついたことをメモし、周辺分野の論文を調べて考えの参考になるものがあるかを調べていた。

はじめて投稿しようとしていた論文の内容が、キチョウ二種と共生細菌の共進化に関するものであり、宿主に対する共生細菌の効果や、交雑種の有無、日本の分断に関する地史など考える要素が多かったため、論理展開が一筋縄ではいかず、考えれば考えるほど頭が混乱してきて悔しくなることもあった。

研究をはじめるまでの私は、何事においても一生懸命になることがほとんどなかったし、まじめさや、根性とはかけ離れたタイプで、「いつも余力を残しているけど、まあまあできる奴という自分がかっこいい」と思っていた。余力を残していれば、何かができなかったとしても、たいして悔しくはない。「自分だって、全力でやればできるんだけどね」、という逃げがあるからだ。しかし、その頃、私にはそういった余裕は残っていなかった。研究に対して強い思いを抱きすぎていた。脳の発達は一七才で終わるという記事を何かで読んでいたし、一七才などとうの昔にすぎた自分にとって、今全力を出してできないことが、この先にできるようになるとは思えなかったため、絶望感でいっぱいになっていた。

研究者の助言を借りながら、半年間ほどかかって私はなんとかその論文を一応研究論文と呼べそうな物にした。しかし、その論文を修正せず国際的な科学雑誌に送ったところで、掲載される可能性が低いこともわかっていた。そこで、私はお世話になっていたつくば市の研究室の敏腕研究者に共同著者になってもらい、論文投稿後の出版社とのやり取りなどもその人物に任せることにした。論文を見てもらうためにその研究者に渡してから一、二ヵ月後、私がその時にもてる精いっぱいの力を出し切って書いた論文の八五パーセントは、その敏腕研究者によって改変、いや改良されていた。その論文には、私が書いた文章はほとんど残っておらず、その代わりに綿密な論理構造で積み上げられた完璧な論文英語の文章が並んでいた。そして、その論文はイギリスの科学雑誌に投稿され、一度は審査員にデータ不足を指摘されて論文が返されたが、指摘された実験データを追加して再度投稿した結果、一年後にはその雑誌に掲載されることとなった。それは、論文を書きはじめてからおよそ二年後のことであった。

その頃、私はすでに博士課程に進学してしまっていて、内心では不安でいっぱいになっていた。研究が楽しいからといって大学院にさらに進んでしまったけど、このまま投稿論文など一本も出せず、博士号も取得できず、かといって就職もできずに路頭に迷うのかもしれないという不安な思いに心が支配されてしまうこともよくあった。

この最初の投稿論文が発表された二〇〇六年から、はや四年がすぎ、その間にはコテンパンに修正されてから発表された論文もあるし、自分で書きあげたものがほとんどそのまま国際誌に発表された論文もあった。しかし、そのどれもが、たやすくできたものではないし、今だに、毎回、論理展開と論文英語の技術には悩まされ、書いている間はヒイヒイと言っている。

しかし、脳の成長が止まるわけではないと今では思っている。少しずつではあるが論文英語のコツがわかってきた気がするし、データを論理的に捉える思考力も鍛えられてきたと感じる。そして、何よりも国際的な科学雑誌に発表されることによって、世界の人々が自分の研究内容をいつでも参照できる状態になるのである。そして、そのような状態になった研究は他の研究の参考になり、発展に貢献したりする可能性があり、人類の共有財産の一つとして残っていく。その達成感と喜びは、ひとしおであり、他のものでは味わえないものだと強く感じる。

コラム　論文執筆中のくせ

論文を書いている人をよく観察すると、それぞれにおもしろいクセを発見することができる。私の見てきた研究者たちの中で、論文執筆中で一番多いクセは、「独り言&貧乏ゆすり」である。これは、セットで用いられることが多い。だいたい書いている時にブツブツと論理を組みたてながら書いている人は、同時に体が揺れている。しかも、その揺れ方はかなり小刻みだ。

次に多く見かけたのは、「檻の中のクマのようにウロウロする」である。論文書いているなぁと思うと、急に立ち上がり実験室の中をウロウロと周りはじめるのである。だいたい、そう言った人は脳をリフレッシュさせたいために歩きまわるので、近くにいると話し相手として捕獲される可能性が高い。そのため自分が忙しい時は、さりげなくトイレに立つふりをして逃げると良い。

私にも論文執筆中にあらわれるクセがあるが、周りの人たちに気づかれることはほとんどない。私の場合、何かを奥歯で強く噛みたくなるのである。どんなものが噛みたくなるのかというと、ガムをうんと堅くしたような、ある程度の堅さをもち、噛むと少しはね返してくるような壊れないものである。ふつうのガムなどでは満足できず、下手に頼りないものを噛むとより欲求が高まってしまうので最近は想像だけで我慢することにしている。論文執筆の際にはふだんあまり使わないような脳を動かす必要があるため、それぞれがそのストレスを発散させる術をもっているのかもしれない。

もっと身近に研究を

この章の冒頭で、自分の研究をただの自己満足で終わらせるのはなく、世界の共有財産にするもっとも有効な方法は、国際的な学術雑誌に研究論文を公表することであると述べた。

しかし、一般の学生や、研究者以外の職業の方が、日常的に研究論文を読んでいることはほとんどないだろう。研究論文を捜す方法が一般的に周知されているわけはなく、ふつうの本屋や図書館で研究論文を目にする機会はほとんどない。研究をもっとも正確に客観的に伝え、世界の共有財産として後世に残す方法は研究論文であることに違いはないが、一般の人により身近に研究を認識してもらうために、「プレスリリース」[*1]という手段がある。

プレスリリース。この言葉はただの英単語をカタカナにしたカタカナ語である。カタカナ語を日本語の会話で多用することは私の趣味ではないし、会話でやたらとカタカタナ語を織り交ぜて、得意げに話している人を見るとなんだか私の方が恥ずかしくなってしまう。みんながよく知らないような英単語なのかカタカナ語なのかよくわからない単語を会話に散りばめることで、現代社会の先端をいっている国際人であることを示そうとしているのだろうか？むしろ、会話でカタカナ語を多用することは母国語をきちんと操る能力がないことを露呈してしまっているように思える。それに、だいたいそういう人に、「その言葉、どういう意味？」と聞いてもきちんとした説明をできない場合が多い。そういった思いが私にはあるので、日本語で会話したり文章を書いたりする時は、カタカナ語を使わず日本語で表現するように努めている。散々、カタカナ語に対する反発について書いた後なのでたいへん気が引けるが、「プレスリリース」の日本語訳は存在せず、それ以外の言葉で説明しても通じないことが多いので、ここでは泣く泣くこのまま使うことにする。

大学院生の頃に、プレスリリースという言葉を聞いた時、何を意味するのかよくわからなかったが、事典を調べると以下のような説明があった。

(＊1) プレスリリース (press release) : 「プレス」は「新聞」または「新聞社」、「リリース」は「発表」や「公開」、「放出」を意味することから報道機関向けに発表された声明や資料のこと。

新聞、TV、インターネットなどを介したニュースや情報は、年齢や職業などを問わず世界の多くの人々が利用している。それらの報道媒体に最新の研究論文の内容を流すために、研究内容を紹介するのがプレスリリースなのである。実際には、研究所や大学が、報道陣を集めて研究をおこなった人を主体として研究成果について記者会見のようなものをおこなう。また最近では報道陣に対してインターネット上で研究内容を知らせることによっておこなわれる場合もある。しかし、すべての研究論文がこのような方法で報道されるわけではない。プレスリリースがおこなわれる論文というのは、その研究分野において大きな発見や前進が認められたということだけでなく、その研究が一般の人の興味を引くような話題であったり、社会で応用に役立ちそうなことが含まれている場合が多い。私は今までで一度だけ、自分の研究論文がプレスリリースされて報道されたことがある。その研究内容は、共生細菌の宿主操作の分野において新しい発見であったのは確かであるが、その研究が性転換現象という一般の人の興味を引く分野であったということもかなり重要な点であったのではないかと思う。その詳しい研究内容については、この後の4、

5章で詳しく説明したいと思っている。

プレスリリースの他にも、専門家だけでなく一般の人に身近に研究を認識されるための方法として、一般の人も読むような本や雑誌に研究内容を掲載したり、大学や研究機関、市民団体などに依頼されて研究内容を講演するという方法もある。しかし、そのどれもが自分がやりたい時にできるものではない。研究論文が発表され、自分のおこなっている研究が研究者の間で知られてくると、人の紹介などによって、時々雑誌や本に記事を掲載できる機会がやってくる。しかし、これらの方法はいわば受け身な待ちの状態で時折発生する機会である。そのような機会を与えられたからには、効果的に研究内容を発信するよう努めるが、やはり、主体的に自分の研究を発信していくには、研究論文という形で発表するほかないように思える。

第4章
性転換するチョウ

二重感染のチョウ

大学の卒論と修士課程では、共生細菌がからんだキチョウ二種の共進化について研究していたが、博士課程に入ってからは少し他のこともやってみたくなっていた。なにしろ、博士課程は三年間もあるのである。博士課程の大学院生というのは、大学生や修士課程の学生と比べると、大学の授業は少ししか受講しなくて良いことになっている。そのため、週のほとんどの時間を研究に割くことができる。しかし、おおいに高をくくっていると最後の最後でたいへんな目にあうのは世の中の常である。私の場合、卒業直前になって、やっと自分の卒業単位が足りないことに気づき、おお慌てで他の研究室の教授などに頼み込んで授業に無理やり入れてもらい単位を取得し、どうにか卒業単位を満たすことができた。

そんな話はさておき、とにかくそれまでの私はほとんどの実験がＤＮＡを用いるものであったため、扱っていたのは生きている個体ではなく死んでいる個体だった。死んでいる個体であっても、そのＤＮＡには不思議な謎が隠されていることを思い知ったし、分子進化や系統解析の研究ももちろん気に入っていたが、博士課程では生きている個体や野外の生態についてもいろいろと考えたいことがあった。

博士課程に進む学生は、自分の研究課題については自分で考え、自分の思うように研究を進めていく場合が多い。私もそれが許される環境だったために、自分の修士論文がひと段落してからの期間は、時間を見つけてはキチョウに限らず他の昆虫についても共生細菌に関係する何かおもしろい研究課題はないかと論文を読んだり、研究室のメンバーが扱っている虫を少し分けてもらっては遺伝子を調べたりしていた。博士研究で昆虫の種類は変えても良かったが、細胞内共生細菌と宿主の共進化や相互作用などについては続けたいという希望があった。といっても、私はそれまで扱っていたキチョウ（おもに死体であるのだが）にすでに愛着がわいていて、他のどの虫よりも可憐なチョウだなどと、完全に親バカ状態になっており、できれば昆虫種も同じキチョウで続けられたら良いなと思っていた。

ある時、いつものように何かおもしろい研究課題はないものかと、研究室に置いてある昆虫サンプルを保存してある冷凍庫を物色していた。その冷凍庫は、人間二人分ほどが入りそうな大きなもので、中には歴代の先輩たちが片づけずに残していってしまった昆虫のサンプルなどがギッシリ詰まっていた。しかし、時にはそんな中にもお宝はあるのである。その冷凍庫にはさまざまな産地のキチョウがごっそりと保存されていた。採集された日付は一〇年以上前のものから最近のものまであった。後で、教官に冷凍庫に保存されていたキチョウは誰が採集してきたものかを聞くと、教官を含めた多くの人が採集してきてくれたものだった。私の所属していた大学の研究室の人たちは、採集が上手くて思いやりがある人が多く、帰省や旅行などの機会を利用して、他の人の研究課題のためであっても採集を手助けしていた。私はと言うと、研究室の中ではかなり採集が下手な方だったし、昆虫種に詳しくもなかったため、他の人の採集の手助けになったことなどほとんどなかった。しかし周りの方は私が欲しがっていた産地の個体をどんどん採集してきてくれるので、何だか時々申し訳ないような、情けないような気持ちになっていた。

さまざまな産地のキチョウが冷凍庫から発掘されたので、早速ＤＮＡを用いて、それらのキチョウに何らかの共生細菌がいるかどうかを調べると、中には興味深い個体が含まれていた。それは、卒論の頃から扱っていた細胞内共生細菌ボルバキアに感染するキチョウであったが、今まで扱っていたボルバキア系統（wCI）とさらに別系統のボルバキア（wFem）に二重感染していたキチョウがいたのである。もちろん、その二重感染が確認されたキチョウでは共生細菌が何をしているかなどについては謎であった。そこで、その不思議なキタキチョウが見つかった産地へ、直接行ってみることにした。

コラム　共生細菌を調べる方法

内部共生細菌が宿主の体内にいるかどうかを調べるのは、意外と簡単である。分子生物学的な実験技術が開発される以前は、宿主の細胞に対して固定と染色をおこない、顕微鏡で観察して細菌の有無を確認していたが、現在では「ポリメラーゼ連鎖反応（polymerase chain reaction、通称ＰＣＲ法）」によって簡便に細菌のＤＮＡを検出することができる。この方法では宿主の微量なＤＮＡ溶液と細菌のＤＮＡ断片配列（プライマーと呼ぶ）などを混ぜた溶液を作り、全自動の装置に入れておけば二時間程度で結果を得ることができる。結果は、一一三頁の図６・６のような形で見ることができる。宿主が細菌に感染していなければ、宿主のＤＮＡから細菌のＤＮＡを検出することができないので、ＤＮＡのバンドが現れることがない。しかし、感染していれば細菌のＤＮＡが増幅されバンドが現れるのである。ＤＮＡを増幅するためのプライマーの種類は豊富にあり、共生細菌ボルバキア一種のみを増幅するものもあれば、細菌であれば何でも増幅できるようなプライマーもある。このようなプライマーを使うと共生細菌の有無が数時間で簡単にわかるのである。しかし、同じ種類の細菌といっても、性転換をおこすものやオス殺しをおこすものでは細菌の系統がことなる。そのような系統の違いまでは、このPCR法では検出することはできない。そのため、系統の違いまではっきりさせるためには、細菌のDNA塩基配列を調べる。この作業も近年ではかなり容易におこなうことができ、DNAを増幅した後であれば一日でその塩基配列を知ることができる。

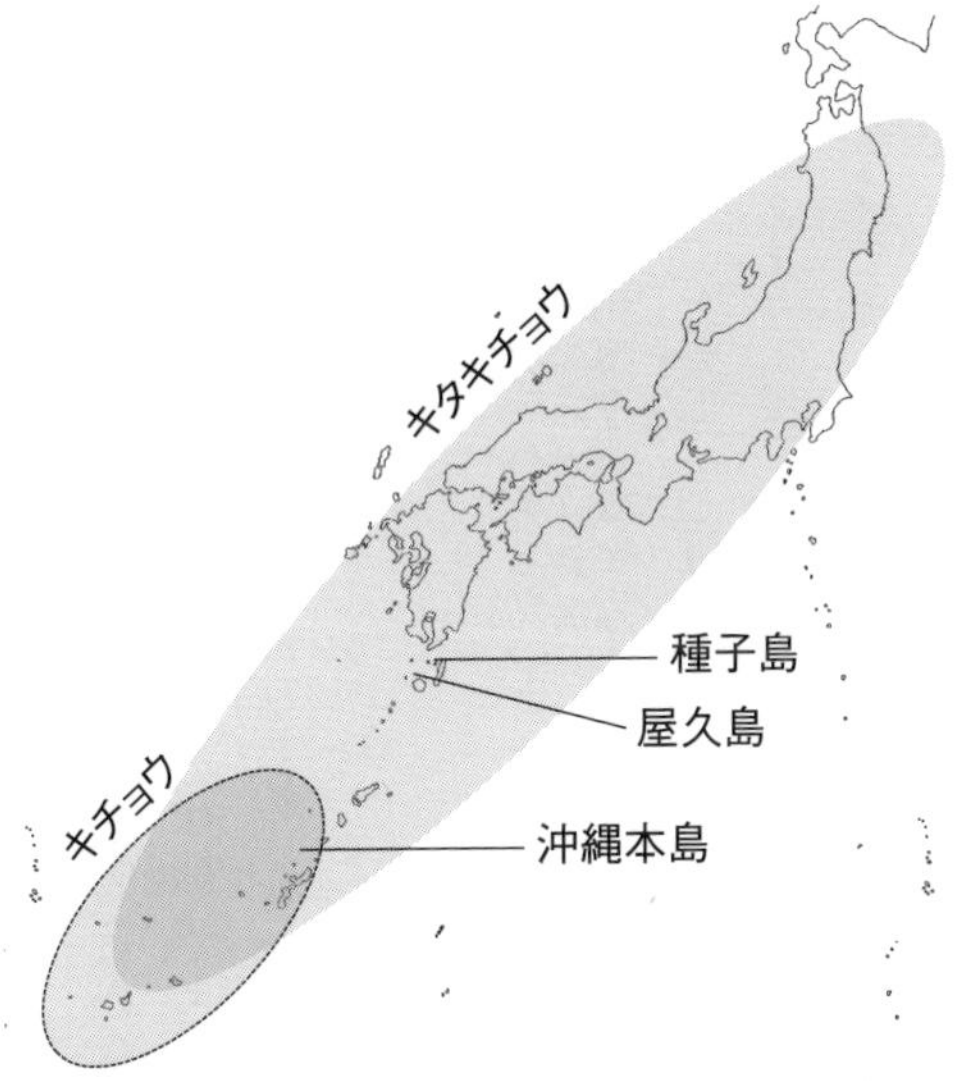

図4・1　キタキチョウとキチョウの分布域．沖縄本島周辺では2種が混在する．

メスだらけの島

冷凍庫に眠っていた個体の中で、共生細菌ボルバキアに重複感染しているのは、九州の南に位置する種子島と屋久島から採集されたキタキチョウであった(図4・1)。日本におけるキタキチョウとキチョウの分布域は広く、キタキチョウは、日本の本州を中心に、キチョウは沖縄以南を中心に分布している(図4・1)。この二種のキチョウは、害虫として名高いモンシロチョウに近い種で分類学的には同じ「シロチョウ科」に属するチョウである。見た目の大きさ、形、飛び方などもかなりモンシロチョウに似ているが、翅の色はかなり濃い黄色である。

キタキチョウは、春先になると冬の休眠から目覚めて野外を飛びはじめる。そこで、島での野外調査は、ちょうどキタキチョウが飛びはじめる五月に行くことにした。島での調査の目的は、(一)採集すること、(二)野外におけるキタキチョウのオスとメスの比率、(三)野外での行動の変化などを観察することの三つである。

キタキチョウはアゲハチョウのように高いところばかりを飛ぶわけでもなく、動きもそんなに早いわけでもなく、深い山奥や崖などに生息するチョウでもないので、チョウの中ではもっとも採集しやすい部類に入るだろう。しかし、一度も訪れたことのない場所で、採集することはかなり難しいことである。キタキチョウがあまり山深くない日当たりの良い山すそに生息し、人間の手の届くような高さを飛んでいることは確かであるし、産卵する植物種もそう判別は難しくない。しかし、チョウの生息域というのは集団ごとに餌場や産卵場所が決まっており、不連続なまだら状に存在する。そのため、まずその分布域を見つけださないからには、チョウも見つからない。モンシロチョウのように餌や産卵場所がキャベツなどの畑植物の場合は、生息域がキャベツ畑そのものであったりするので、発生時期さえ合っていれば見つけやすい。しかし、幼虫の餌や産卵植物が野生の植物である場合、それらの植物を広大な野外の植物相から見つけだし、狙ったチョウの生息域にあたりをつけることは簡単な作業ではない。

さいわい私の指導教官は、あらゆる昆虫種に詳しく、チョウや蛾の生息域を熟練の勘で嗅ぎ分け、狙った種の生息していそうな場所を見つけだすことができる人物だった。彼はキタキチョウの採集を、他の島や地域でも集中しておこなった経験があり、彼にははじめて訪れたこの島でも生息場所を見つけ出せるという自信がみなぎっていた。私自身は何の自信もないが、彼の全身から発される自信を感じとり、きっとこの調査はうまくいくと感じていた。

最初の調査では種子島と屋久島の両方を訪れた。私と指導教官にとって、どちらの島もはじめて訪れる場所で、実験室で見つけたボルバキアに二重感染しているキタキチョウがどんな個体なのか早く知りたいという気持ちでいっぱいだった。冷凍庫に眠っていた種子島産のキタキチョウ二十数匹の中でボルバキアに二重感染している個体は全体の半分以下であった。そのため、今回同じ二重感染のチョウが採集できる確率はそう高くないと予想していた。

はじめに訪れる予定の種子島は、鹿児島から船を使って二時間ほどで行ける。交通手段が船というのは私にはどうも気が重かった。というのも、私は乗り物酔いがひどい方で、過去に父親と乗ったフェリーでは乗っていた間に死ぬほど吐いたという苦い思い出があり、それいらい船を使うのをできるだけ避けていたからである。そのため、種子島に行く船に乗る前もずいぶん腰がひけており、酔止めの薬を規定量の二倍ほど飲んでから（本当はそんなことをしたらいけないのはわかっているが）、船に乗り込んでいた。しかし、船は今まで私が知っている船などとはまったく違っていた。ジェット高速船と呼ばれるその船は、その名のとおり飛行機と同じジェットエンジンを搭載していており、まさに海の表面を飛ぶように高速で進み、時速一〇〇キロメートルくらいの速度をだすことができ、船特有のゆらゆらとした動きがまったくなかった。そのおかげで私はまったく酔うこともなく、島に無事到着したのである。酔い止めの薬を規定量の二倍も飲んでいれば、誰だって酔わないと思われるかもしれないので、帰りの船では酔い止めを飲まなくても酔わなかったとあえて言っておきたい。

無事に種子島に到着した後は、指導教官とともにキタキチョウの生息地を探した。調査はキタキチョウが生息していそうな山すその道路を車で走り、チョウの姿を見たら車から走り出て採集し、道路の両脇の道に生えている植物で、キタキチョウの餌や産卵場所となる植物種があれば車を止めて卵や幼虫の有無を確認するという作戦でおこなった。一般に、チョウは雨の日や曇りの日はほとんど飛ばず、晴れて天気の良い日中によく飛ぶ。調査の間は天気が良く、チョウの採集にはもってこいの天候だったし、指導教官の勘はするどく、「たいていこういう場所にいるんだけどな」と彼がつぶやいた場所にはキタキチョウの餌や産卵場所になる植物が生えていて、その場所で待ち伏せしていると確かにキタキチョウが不意に一匹現われることが多かった。

しかし、採集できたチョウは、島全体をめぐったにもかかわらず四日間で合計たったの一五匹だった。島にはキタキチョウの餌場となる植物はたくさん生えていたし、このチョウは南に行けば行くほど個体数が多いという特長をもっているので、温暖な気候の種子島には本州よりもずっとたくさん採集できるはずだった。教官の経験では、このような場所では、一日に一〇〇匹近く採集することも可能なはずだと感じていたが、実際にはこの島のキタキチョウはとても少なかった。

しかも、一番驚いたのは、採集できたチョウが、すべてメスであったことである。ふつう、チョウを採集しようと思うと、オスばかり採集してしまう。なぜならチョウの場合、オスは交尾相手のメスを探すために飛び回っているが、メスはほとんど飛ばずとも、いつも交尾相手を物色しているオスに見つけられて交尾におよぶことが多いし、交尾をした後のメスはひっそりと身を潜めて産卵をしていることが多いため、野外でメスを見つけだして採集するのはオスに比べるとかなり難しいのである。実際にはオスとメスの割合が半々であっても、採集するとオスが八〇～九〇パーセントになってしまうことが多い。しかし、今回採集した個体においてはメスが一〇〇パーセントだったのである。

種子島で調査をした後、続けて世界遺産の島、屋久島をめぐったが、肝心のキタキチョウの姿は一匹も確認できなかった。研究室の冷凍庫に、一〇年前の屋久島産のキタキチョウが一〇匹以上、それも同一の日に採集した個体が眠っていたという事実は、その当時はキタキチョウがたやすく採集できたことを示していたが、今となっては状況が変わっているようであった。

ボルバキアの二重感染が見つかった種子島と屋久島で実際に調査をした結果、どちらの島においても個体数は極度に少ないと感じ、野外のオスに対するメスの比率も通常では考えられないほど高かったため、この島々のキタキチョウには絶対に何かが起きていると教官も私も実感していた。

メスしか産まないチョウ

種子島で採集してきた一五匹のメスをなんとか生かしたまま、もち帰り、実験室で産卵を試みた。多くのチョウと同じようにキタキチョウでも、野外からメスのチョウを採集してきた場合、メスはすべて交尾済みであるため、野外ですでに卵を産みきってしまった個体でなければ、実験室で受精卵を産ませることはそう難しくない。

チョウは産卵する植物が種ごとに決まっており、キタキチョウの場合は、メドハギやネムなどのマメ科植物に産卵する。実験で産卵させる際は、どのメスがどの卵を産んだかがわかるように、メスを一匹ずつ容器に入れ、その容器には成虫の餌であるはちみつ液と産卵するための植物を入れておくと、すぐに産卵をはじめることが多い（口絵3）。しかし、採集してきた種子島産のチョウは、腹部が膨らんでたくさん卵をもっていそうな個体であってもなかなか産卵をはじめてくれなかった。このチョウの成虫の寿命は長くても二週間ほどなので、採集してきた時点での成虫の年齢も加味すると実験室にもち帰って何日も産卵をはじめてくれないと、このまま一匹も産卵せずに死んでしまって実験が成り立たないのではないかとヒヤヒヤしてくる。実際には、何日かたってから数匹がやっと産卵をはじめ、子を残してくれたためホッとすることができた。

このチョウは、卵を一個ずつバラバラに葉に産みつけるので、卵を一個ずつ取り分けることができる。この時も、その特性を活かして、彼らが残してくれた卵は一個ずつ成虫まで飼育することができた。卵を一つずつ、育てることができるということは、正確な実験データを記録するには好都合である。家族ごとの孵化率、幼虫の間の死亡率、羽化率、成虫時のオス・メスの比率などが詳細にわかるのである。

産卵したメスもしなかったメスも種子島で採集してきた個体はすべて、共生細菌ボルバキアの感染状態を調べた。すると、大多数のメスが単感染ではなく二系統のボルバキアに二重感染していたのである。しかも、単感染の母親の子の性比はオスとメスが半々であったが、二重感染した母親の子は、すべてメスでありオスは一匹もいなかった。つまり、ボルバキアの感染状態と子の性比に強い因果関係があるのは明白であった。

実験室の屋上で人工餌の原料となるネムの葉を大量に乾燥させているところ．うしろにはこの倍ほどの量の葉が干されている．

コラム：蝶の人工餌

キタチョウを実験室内で飼育する場合、このチョウが食べるネムの葉やメドハギなどの植物が生えている時期であれば、生の葉を取ってきて幼虫に与えることもあるが、生の葉は餌として均一の条件に保つことが難しく、秋になるとすべて落葉してしまうため餌を確保することが難しい。そのため、ほとんどの飼育実験では幼虫の餌に人工餌を使っていた。

カイコでは人工餌の研究がよく進んで

いてカイコ用の人工餌がチューブに入って売られているが、キタキチョウでそのような人工餌が売られているわけもなく、そうなると自分で作る必要がある。簡単に説明すると、キタキチョウが食べる葉を粉末にしたものと他の栄養粉末とを混ぜて練って蒸すと餌ができあがるのであるが、その粉末をたくさん準備するまでが一苦労なのである。

手順自体はいがいと簡単で、春先にこのチョウの餌とする葉を大量に採取してきて、良い葉だけを集め、よく洗って乾燥させ、粉砕して粉を作るだけである。飼育実験をおこなう場合、この粉末の量がかなり必要になってくるのだが、大きなゴミ袋いっぱいの葉でも粉末にすると一握りしかない。そのため、とにかく葉をたくさん採取してきて、乾かすのである。

ちなみに、ネムの葉をカラカラに乾かして粉末にすると、抹茶のような良い香りを放ち、粉末を作っている間は実験室内にその臭いが充満している。

なぜ娘ばかりなのか

共生細菌によって子の性比が偏るという現象は、それまでにも報告されており、第1章で紹介したように(一)単為生殖、(二)オス殺し、(三)性転換の三つの可能性が強い。このチョウの場合、交尾済みのメスしか産卵しなかったため、オスの交尾なしでメスばかりを産むようになる単為生殖の可能性は低い。残る可能性は、オスの子だけが卵や幼虫の段階で死んでいく「オス殺し」か、オスの子さえもメスに変えて

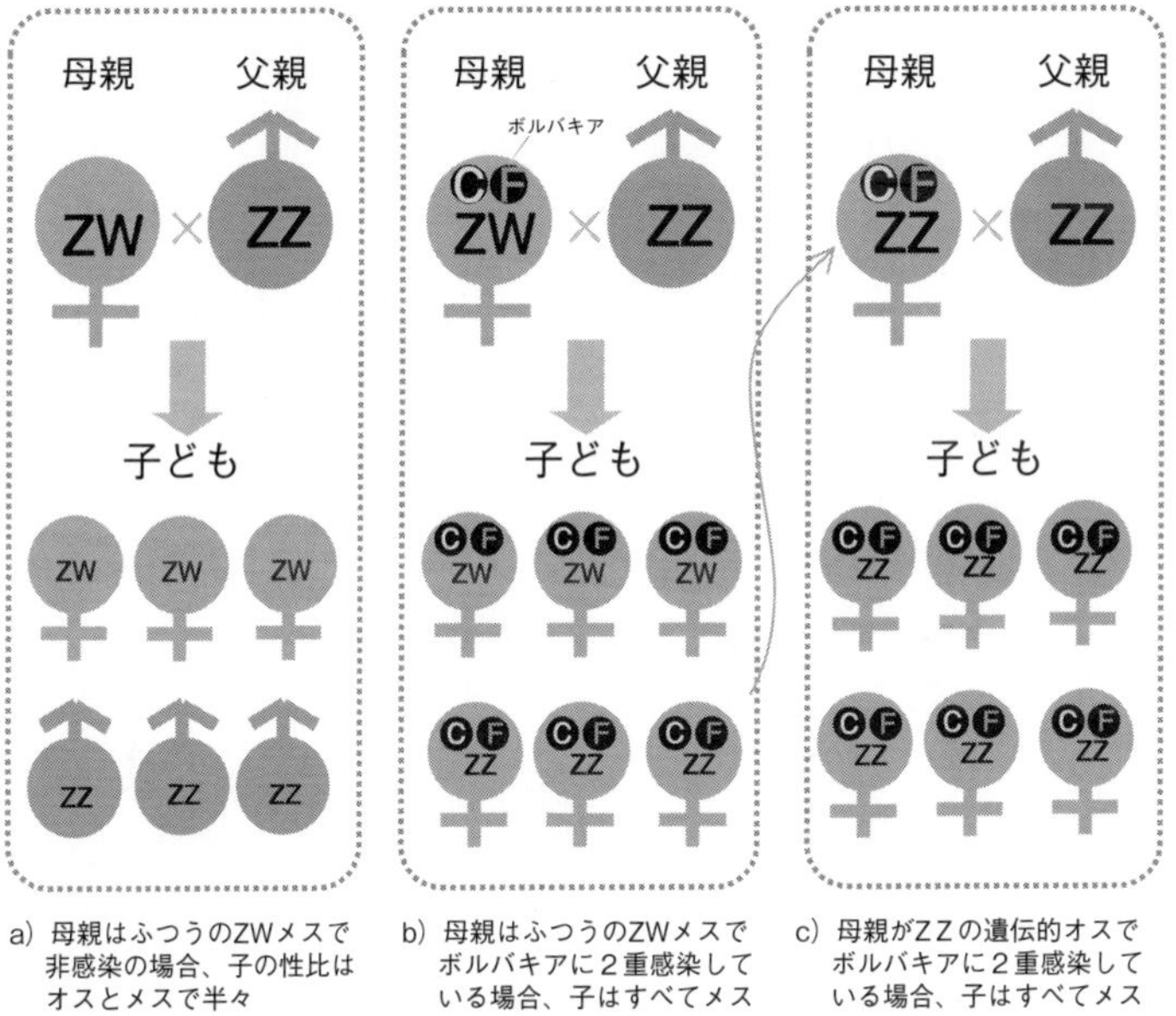

図４・２　キチョウにおける遺伝的オスのメス化.
C＝Wolbachia の CI 系統.　F＝Wolbachia の wFem 系統.

しまう「性転換」の二つである。「オス殺し」現象であった場合、子どもはすべてメスではあるが、生き残ったメスは本物のメスである。しかし、「性転換」現象であった場合、子や母親が遺伝的なオスである。

この性転換現象については、図とともに説明したいと思う(図４・２)。人間では、X染色体とY染色体をもっている個体が男性となり、X染色体を二本もっている個体が女性となる。逆に、チョウの場合はW染色体とZ染色体をもっている個体（ZW）がメスとなり、Z染色体を二本もっている個体（ZZ）はオスとなる。そのため、オスとメスが交尾をして子を残すと、子の染色体はZZ型とZW型が半々で出現し、ZW型をもっている個体はメスに、ZZ型をもっている個体はオスとなる(図４・２a)。そこへ、性転換作用をもつ

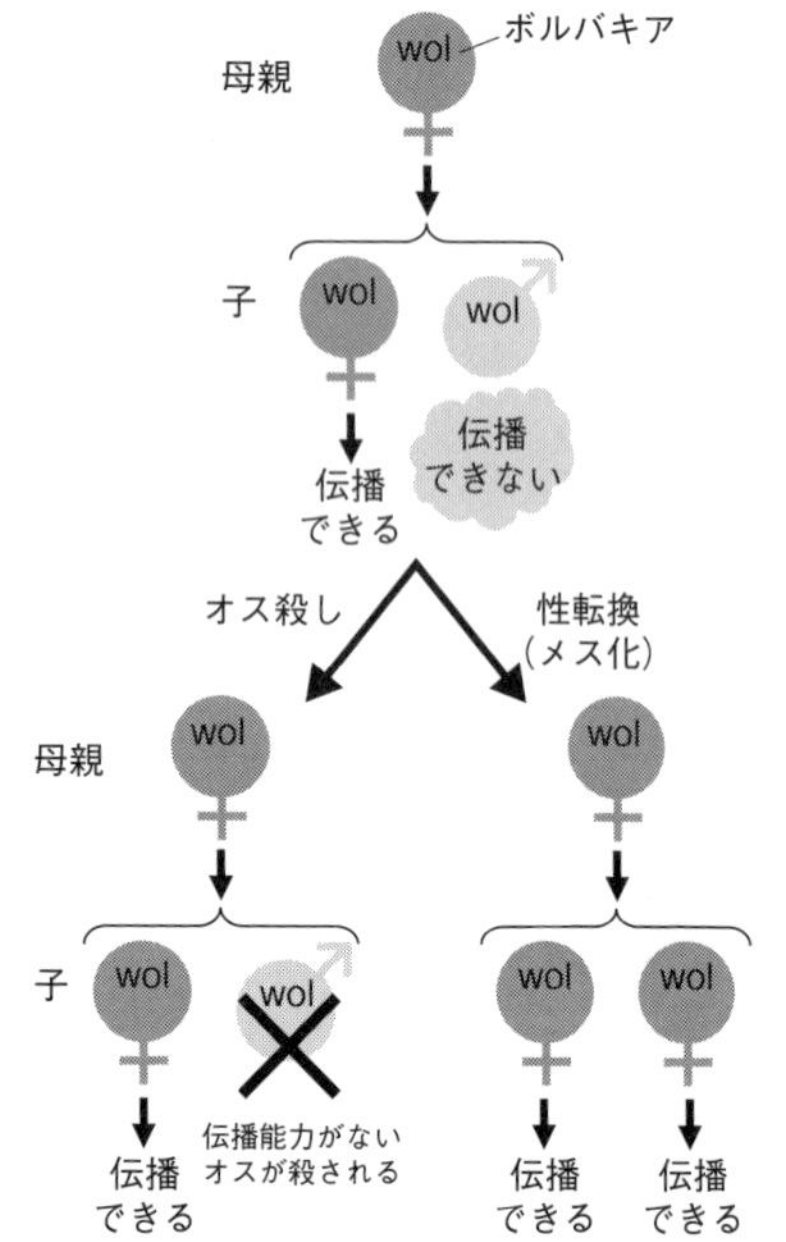

図4・3 「オス殺し」と「性転換」によるボルバキアの伝播効率.

共生細菌が母親に感染した場合はどうなるのだろうか。その母親は遺伝的にはメスのZW型であり、ふつうのZZ型のオスと交尾をして子を残すため、子の遺伝子型はZZ型とZW型が当然半々に出現する。しかし、性転換作用をもつ細菌が遺伝的なオス（ZZ型）であっても表現型はメスにしてしまうため、すべての子どもがメスであるようにみえる（図4・2b）。そして、共生細菌によって性転換されたZZ型の遺伝的なオスは、完全なメスの機能をもち備えているので、成虫になるとふつうの遺伝的なオス（ZZ型）と交尾をして、子を産む。そうなると、両親はW染色体をどちらももっていないため、子どもはすべてZZ型のオスとなってしまう。しかし、性転換作用がある共生細菌が感染していれば、見た目や機能などの表現型は完全なメスになるのである（図4・2c）。これが、共生細菌による「性転換」現象である。

この「性転換」現象と「オス殺し」現象の違いは、子どもや母親に遺伝的なオスがいるかどうかである。母親や、メスの子に遺伝的なオス（ZZ型）が存在すれば、その個体では性転換が引き起こされているということになるし、母親やメスの子がすべて遺伝的にふつうのメス（ZW型）であれば、オスの子が殺されメスの子だけが生き残っている「オス殺し」が起きていると予想できる。

そこで、「オス殺し」現象なのか「性転換」現象なのかを区別するため、種子島で採集し産卵させた家族のうち、子がすべてメスになった家系の母親と子どもの性染色体を観察し、遺伝的な性別を確かめることにした。キタキチョウの場合、体の組織を固定して染色すると、W染色体を観察することができる。W染色体が観察できた個体は、ZW型の遺伝的なメスであり、W染色体が見られなかった個体はZZ型の遺伝的なオスであるといえる。そして、種子島産のメスばかりになった家族の染色体の有無を確認した結果、彼女ら全員が遺伝的なオス（ZZ型）だったのである。そして、それらの個体の母親は、二系統の細胞内共生細菌ボルバキアに感染していたことがわかり、共生細菌のせいでこれらのチョウはオスからメスに性転換していることが明らかになった。

ボルバキアは母親から子への母系伝播（母系遺伝）によって感染を維持するため、次の世代に伝播することができないオスの子など彼らにとっては邪魔者でしかない。そこで、オスの子を殺したり（オス殺し現象）、オスをメスに転換したりするのだが、効率がよいのは性転換の方である（図4・3）。なにしろ、伝播する能力をもつメスの数が二倍になるのである。共生細菌によるオス殺し現象は、さまざまな共生細菌で引き起こされることがわかっており、その種も、ハエ、チョウ、蛾、テントウムシなど多岐にわたる。しかし、完全な性転換現象は、昆虫では今のところこのキタキチョウからしか見つかっていない。そのため、宿主のオスの子を選択的に殺す「オス殺し」はかなり古くから共生細菌が獲得した能力であるが、オスを完全なメスにすることはより複雑で難しく、その能力をもっている共生細菌は少ないのではないかと考えられている。そして、運良く私はその能力をもつ共生細菌とその宿主に出会ったのである。

感染パターンの地理的分布

性転換が引き起こされているキタキチョウは、細菌ボルバキアが二重に感染しているとすでに述べたが、第2章では卒論で扱っていたキチョウとキタキチョウからはボルバキア単感染のものがいたと紹介した。二種の宿主と二系統の共生細菌と二種類の生殖操作が登場し、ずいぶん登場人物が多くなってきたので、混乱を避けるためにここで簡単にキチョウ二種におけるボルバキアの感染状態と生殖操作の種類、各チョウの生息域についてまとめたいと思う（図4・4）。まず、南西諸島に生息するキチョウはすべてwCI系統の細菌ボルバキアに単感染していて、細胞質不和合という生殖操作（一九頁　図1・7参照）を引き起こされている。ボルバキアに感染していない個体はまだ見つかっていない。一方、本州を中心に生息するキタキチョウでは、キチョウと同じwCI系統の細菌ボルバキアに単感染して同じく細胞質不和合を引き起こす個体が南は沖縄から北は宮城まで存在する。しかし、キタキチョウではボルバキアに感染していない個体も本州の北部に残っている。さらに、種子島と沖縄島では、wCI系統とwFem系統の二系統のボルバキアに二重感染して、性転換を引き起こしている個体が存在する。つまり、キタキチョウには三つの感染タイプが存在しているのである。ちなみに、種子島には、wCIとwFemの二重感染個体とwCI単感染個

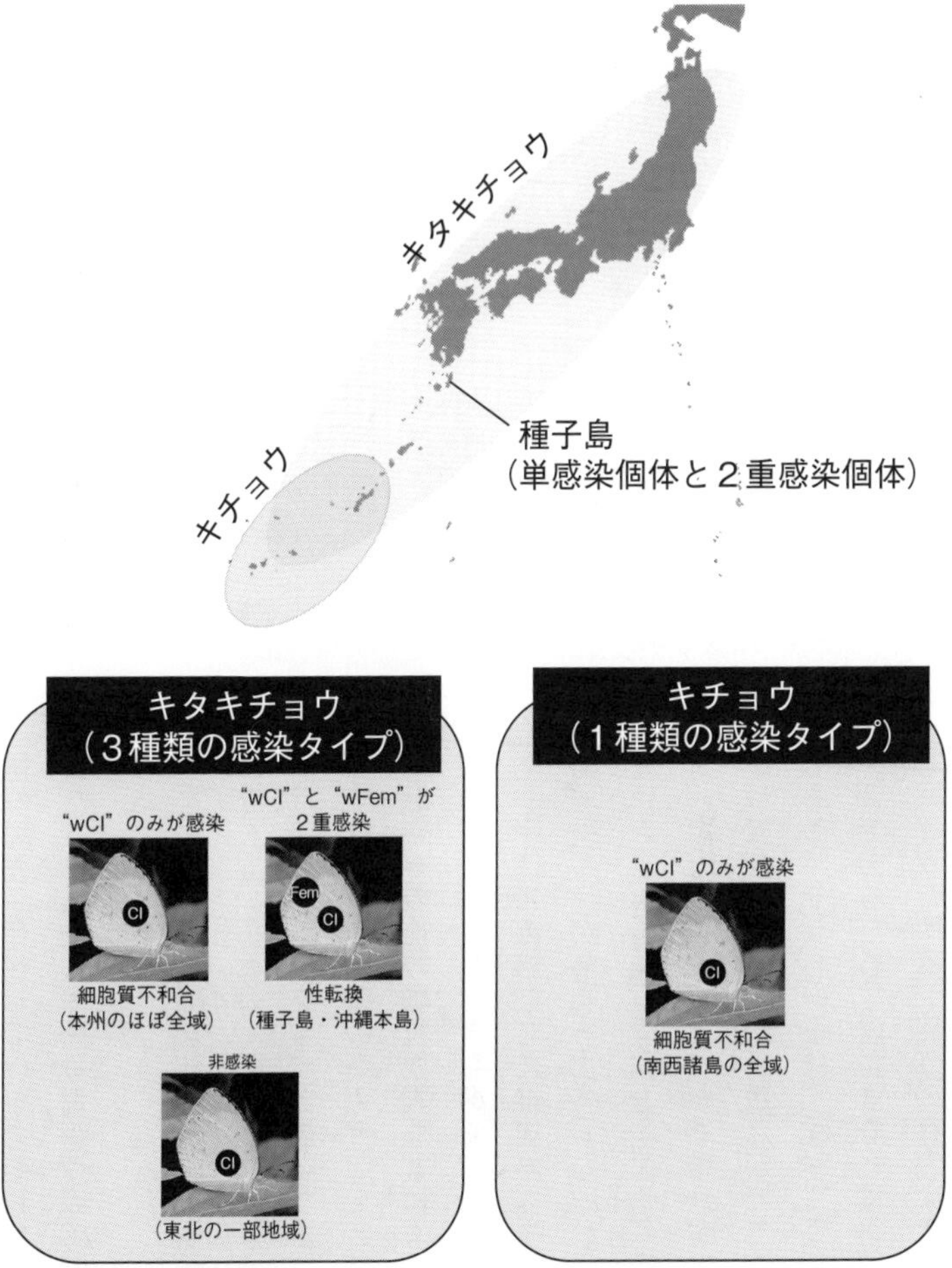

図４・４　２種の蝶の分布域とボルバキア感染タイプ別の生息域.

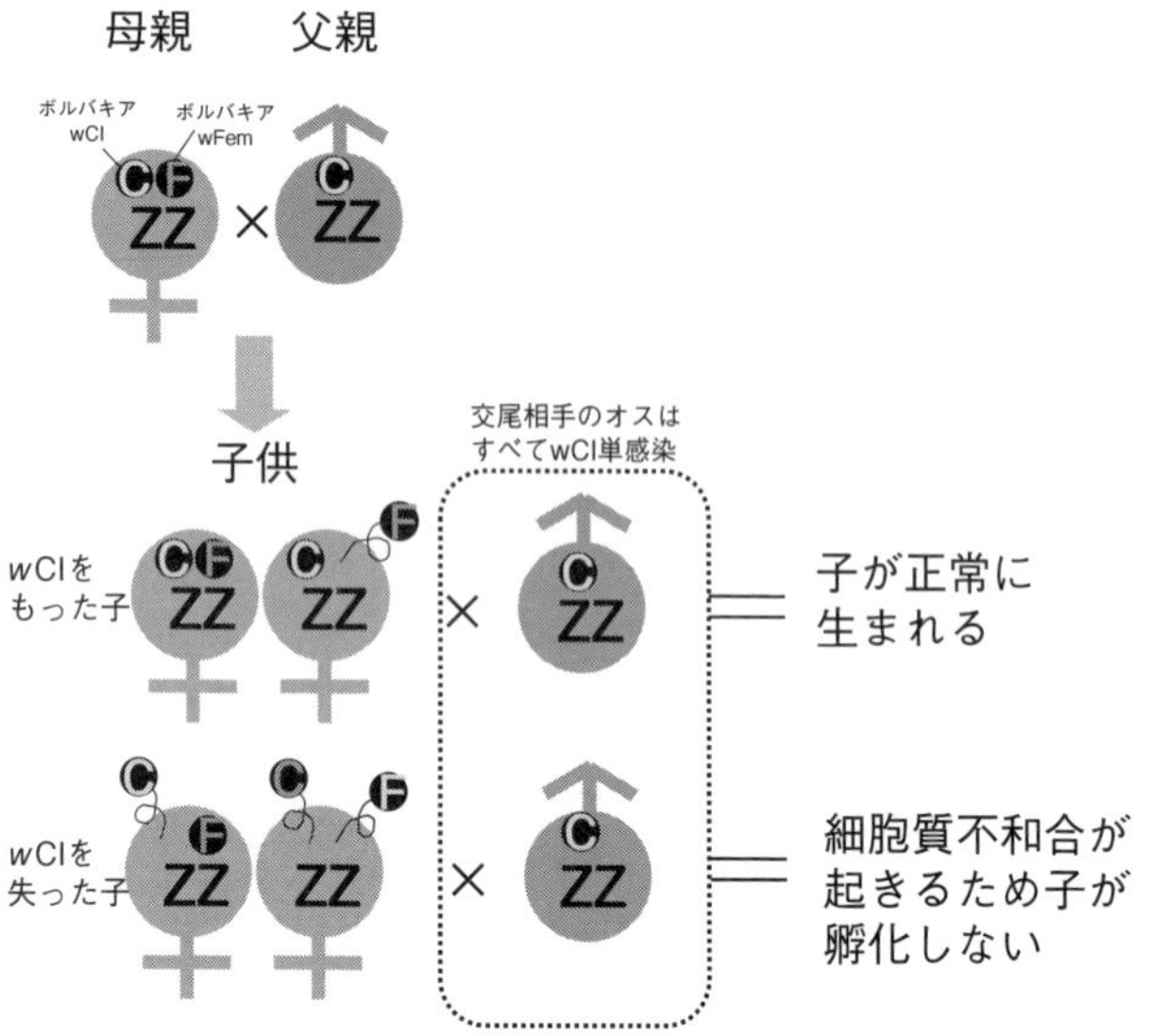

図4・5　wFemの単感染個体が野外で見つからないのは、交尾相手のオスがすべてwCIをもっているためである.

体の両方が存在している。そして、wFem系統だけに感染している個体や非感染個体は存在していない。

wFemの単感染個体や非感染個体が野外に存在しないのには、理由がある。ボルバキアは母から子へ感染すると述べたが、感染の伝播率はいつも一〇〇パーセントとは限らない。高温やその他の環境要因などによって子への感染が失敗するときもある。つまり、wCIとwFemに二重感染した母親から生まれた子では、wFemが落ちてwCIだけになった子や、逆にwCIだけが落ちてwFemだけになった子、両方のボルバキアが感染せずに非感染になってしまった子が少数だがでてくる可能性もある。それらの子は、すべて性転換されたメスであるため、成長すると母親になって子を残そうとする。周りに存在するオスはwCI

単感染である。wCIとwFemに二重感染すると子がすべてメスになるので、二重感染のオスは存在しない。では、非感染のメスやwFem単感染のメスがwCIをもったオスと交尾をするとどうなってしまうのだろうか。ボルバキアによる細胞質不和合の効果により、子が孵化しないのである。すでに述べたが、細胞質不和合は、ボルバキアがオスの精子に何らかの仕掛けを施しており、その仕掛けを解いて子を産むためにはメスも同じ系統のボルバキアに感染していないと不可能なのである。つまり、wFemだけになったメスや非感染になったメスは、非感染のオスの精子でしか子を残すことができない。実際の野外では、非感染のオスが存在していないため、いったんwCIが広がってしまった地域ではwFem単感染の個体や非感染の個体が存在できないのである(図4・5)。

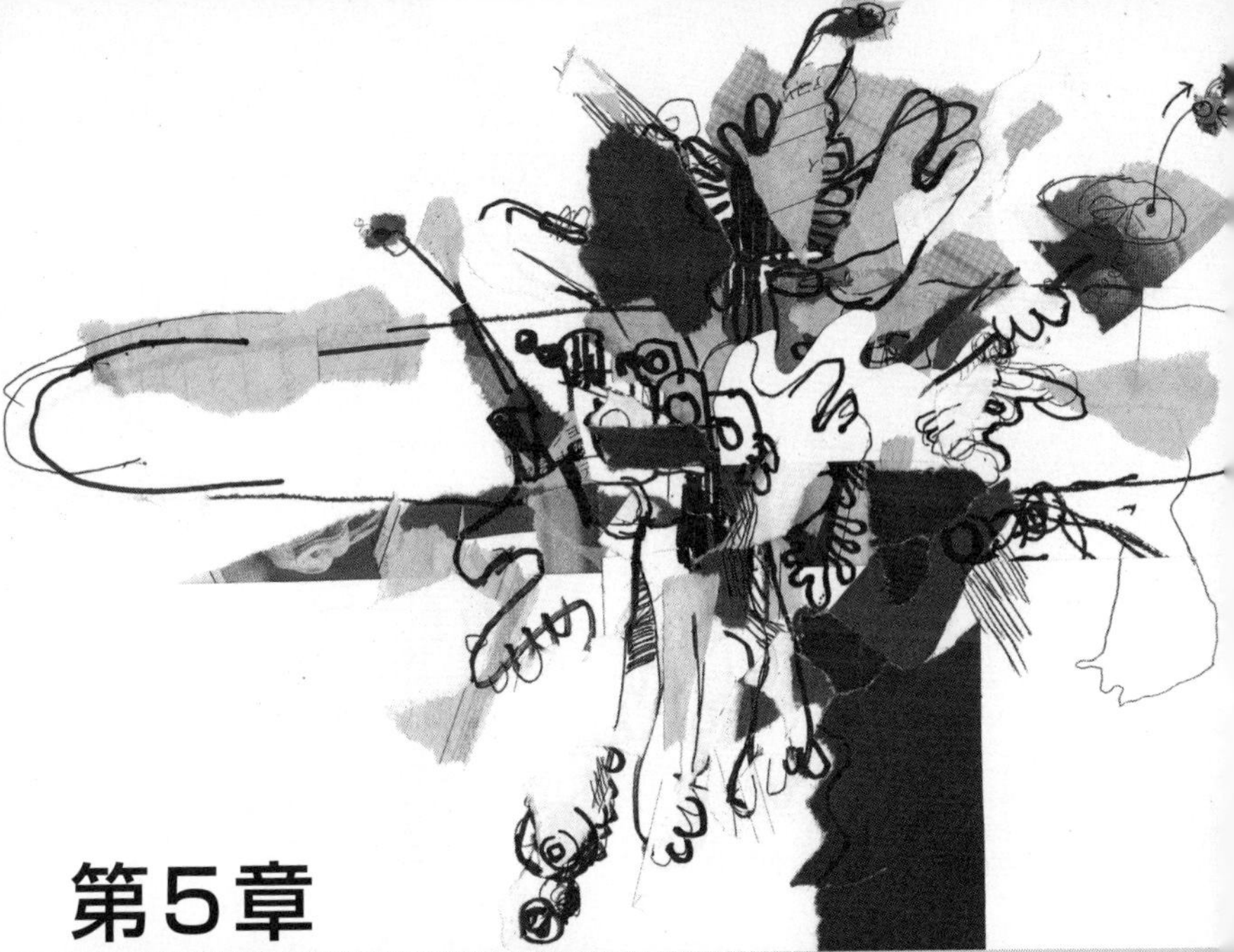

第5章

細菌死が引き起こす宿主奇形

細胞ごとにオスとメスがある

染色体の観察によって細菌ボルバキアに二重感染している種子島のキタキチョウは性転換させられていることがわかったことを紹介したが、この共生細菌による性転換現象が昆虫では唯一の現象であるため、どのようにして性転換が起こるのかなどについてはまったくわかっていないに等しい。共生細菌ボルバキアによって性転換しているキタキチョウは、遺伝的には完全なオスである。それが機能的に完全なメスになるのである。

人間をはじめとした哺乳動物では、オスでもメスでも女性ホルモンと男性ホルモンの両方をもっており、ホルモンの比率によって性の分化が進んでいき、ホルモンの比率は環境ストレスや周期などによって大きく変化する場合もある。しかし、昆虫におけるオスとメスの分化はまったく別のシステムで起こっている。昆虫では一つひとつの細胞の性決定遺伝子が機能し、細胞ごとにオスとメスに分化していくと考えられており、性ホルモンによる分化のような後発的な曖昧さがないのである。そのような性決定のしくみをもつ宿主に存在する細菌ボルバキアは、どんな方法で宿主をオスからメスに変えているのだろうか。宿主体内の性決定はいったいどうなっているのか。さまざまな疑問が浮かんでくる。種子島で採集してきたチョウが性転換しているのを見つけていらい、オスからメスへの完全な変化を細胞内にいるちっぽけな細菌がそれをやってのける、というその不思議さに私は強く魅かれていった。

共生細菌が消えると死ぬ!?

共生細菌ボルバキアは、多くの昆虫種に感染して細胞質不和合、単為生殖、オス殺しなどさまざまな生殖操作を引き起こすことが知られている。そして、そのどれもが宿主の卵や発生のごく初期に引き起こされる操作である。そのため、キタキチョウで見つかった性転換も、共生細菌が受精卵や胚発生のごく初期に、宿主の性遺伝子を改変するなどして、性転換が引き起こしていると私は予想していた。というのも、昆虫は、一細胞ごとにオスかメスかが決定するため、昆虫が成長してからでは途中から性別を変ることは難しいのではないかと思っていたからである。

しかし、その後、計画していた実験がうまくいかなかったことがきっかけで、共生細菌が宿主を性転換させる時期や、宿主と共生細菌の密接な関係などさまざまなことがわかってきたのである。

当時、ボルバキアに二重感染している遺伝的なオス（ZZ型）がメスの表現型になっていることはわかっていたが、本来オスであると考える根拠は性染色体がオス型（ZZ）であるということだけに頼っていた。そこで、性転換と共生細菌ボルバキアの因果関係をよりはっきりさせるために、その性転換したチョウから細菌ボルバキアを除去し、細菌を失った時に子がすべてオスに戻ることを確かめる実験をおこなうとしていた（図5・1）。まず、性転換している成虫のチョウに、体内の共生細菌を消す効果をもつ抗生物質をじゅうぶんに与えてから子を産ませようとしたが、なぜだか卵を産まずに死んでしまい、実験は難航していた。いっこうに卵を産んでくれないチョウたちに対して、あまり効果がないことはわかってい

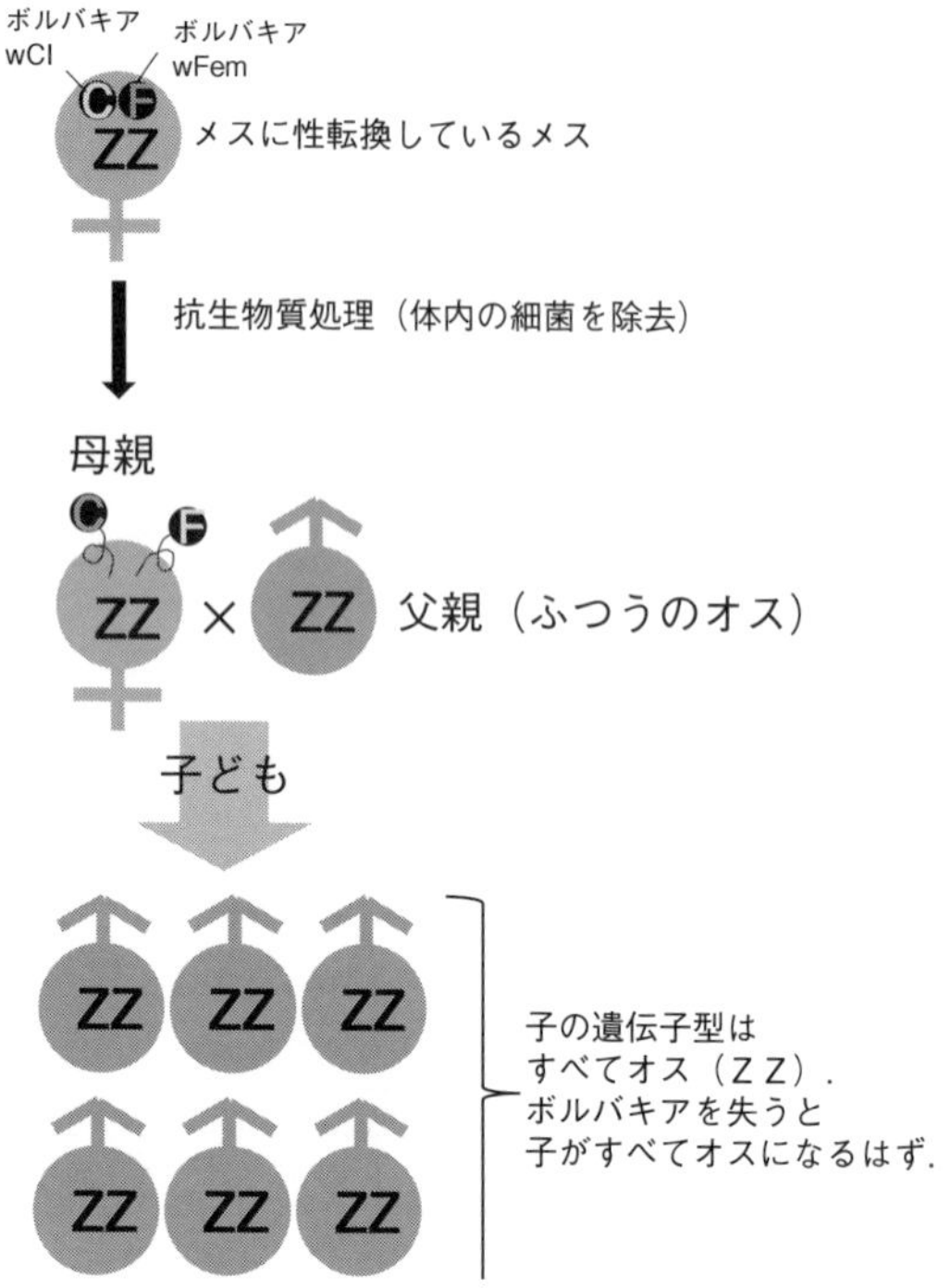

図5・1　性転換した母親を抗生物質処理すると子はすべてオスになると予想される.

たがチョウの腹部をもみながら「産め……、産め……」と念じたこともあった。もちろん、そんなことでチョウたちが卵を産みはじめるわけがなく、その実験は数ヵ月たってもまったく進展しない状態であった。

　チョウたちが卵を産んでくれなかったのには、それなりの理由があったのだと思う。成虫の寿命は一〇日ほどと短いため、成虫になってから体内の細菌を消そうとすると、どうしても濃度の濃い抗生物質を集中して与える必要がでてくる。しかし、抗生物質をあまり濃い濃度で与えると、宿主自体も薬の影響で調子が悪くなってしまい、卵を産むどころではなくなってしまう。

　成虫で抗生物質を与えて産卵させるのを諦めた私は、幼虫のうちから抗生物質入りの餌を与えて育てる実験に切り替えた。幼虫期は比較的長く三週間近くある。その間ずっと抗生物質を薄い濃度で少しずつ与えていれば薬のせいで調子が悪くならずに、成虫個体になるころには体内の細菌も綺麗に消えているだろうと考えた。そして、その非感染になった遺伝的にはオスであるメスを母親にし、子がすべてオスになるのを確かめようとした。

しかし、その実験もまた想定外の結果を招いた。抗生物質を与えて育てた幼虫のほとんどが蛹の状態で死んでしまい、羽化してこないのである。蛹になってから、まったく成長せず、ミイラ化しているものや、一応成長したが蛹から出てこられずに、蛹の殻の中でもがいている個体もいた（口絵4）。ふつう、チョウでは飼育していると卵や、小さな幼虫のときに死亡することはあるが、ある程度、大きくなった幼虫や蛹ではめったに死ぬことがない。この時に、抗生物質を与えていた幼虫たちも小さな時は多少死んでいたが、大きな幼虫になってくるとほとんど死ななかったため、もうすぐ非感染の成虫をたくさん手に入れることができると確信していたくらいである。抗生物質を与えた幼虫のごく一部の個体は自力で羽化したが、翅は奇妙に巻いており、飛ぶことができず、常に小刻みに体が震えおり、歩くこともままならない状態であった（口絵5）。蛹でバタバタと死んでいく様といい、奇形の成虫といい、それはまさに異様な感じがした。そして、このような現象が起きたのは、性転換するボルバキアに二重感染している家族でのみ起こった。細胞質不和合の効果をもつボルバキアに単感染している家族でも同じ濃度の抗生物質を与えて幼虫を育てていたが、彼らが蛹で死ぬことはほとんどなく奇形の成虫なども見られず、正常な成虫しか出現しなかった。細胞質不和合のボルバキアの感染を抗生物質によって消しても宿主は元気だったことから、ただの抗生物質の悪影響によって性転換宿主の奇形や死亡が起こったわけではないとわかり、さらに、どんなボルバキアでも宿主から消えると宿主に異常が起こるわけではないこともわかった。つまり、この奇妙な現象が性転換作用をもつ共生細菌とその宿主との間でのみ引き起こされていることは明白だった。

予想外の結果を手にした時こそ、冷静に原因と理由を追求することで、研究が新しい方向に躍進することがある。この予想外の奇妙な結果のおかげで、当初、計画していた実験ができなくなってしまった私だったが、そんなことは気にもしていなかった。とにかく、この現象に隠された謎が何なのかを知りたい気持ちでいっぱいになっていた。

生き残ったチョウは奇形

ごくわずかに羽化してきた奇形の成虫の翅をピンセットなどでよく伸ばして観察すると、さらにそこには驚きがあった。左右でオスの翅とメスの翅になっていたり、微妙に両方の形質が混ざり合ったような色彩の翅になっていたりしたのである。キタキチョウでは、翅を見ればオス・メスの判別ができる。オスの翅は濃い黄色をしており、メスの翅はクリーム色に近い黄色である。しかも、オスは「性標」と呼ばれる模様を上翅にもっているため、翅を見ればオスなのかメスなのかが容易に見分けることができるのである。

つまり、幼虫期に抗生物質を摂取して、体内のボルバキアの効果が弱くなった宿主幼虫は、完全な性転換をすることができずオスに戻りつつあったのである。共生細菌による性転換は、細菌が宿主の母親体内の卵に入り込んだ時や、受精卵になった時などごく初期の段階で宿主細胞に刷り込みがおこなわれて、性転換しているのであろうと考えられていたため、幼虫期になってから体内の細菌を殺したところでその刷り込みは解除できず性転換は予定通り起こるものと予想していた。しかし、実際には、そのようになっていなかったのである。

オスでもメスでもないチョウ

孵化直後から抗生物質を与えて育てたチョウは、ほとんど蛹で死んでしまい、かろうじて生き残ったチョウはオスともメスともつかない両方の特徴を同時にもった個体であった。ちなみに、そういった個体を生物学では、中間の性をもつ個体という意味を込めて、「間性個体(intersex)」と呼んでいる。

昆虫では、細胞一つひとつでオスかメスかが決まり性分化が進む。そういった特徴をもつ昆虫において、宿主細胞内にいる細菌が宿主を完全に性転換させるためには、細胞の数が少なく、まだあまり分裂していない細胞(卵の段階や発生のごく初期)で操作する方が簡単であろうし、その方が性転換が成功する確率も高いはずだと想像できる。

最初の実験では、ふ化直後から幼虫に抗生物質を与えていた。これらの幼虫が完全なメス化ができずに間性個体になったのは、宿主に成長段階のごく初期から抗生物質を与えてメス化効果をもつ共生細菌の力を弱めていたため、すべての細胞にメスのスイッチが入りきらなかったことが原因であると考えた。つまり、もっと大きくなった3齢幼虫や4齢幼虫になってから体内の共生細菌を消したところで、すでに大き

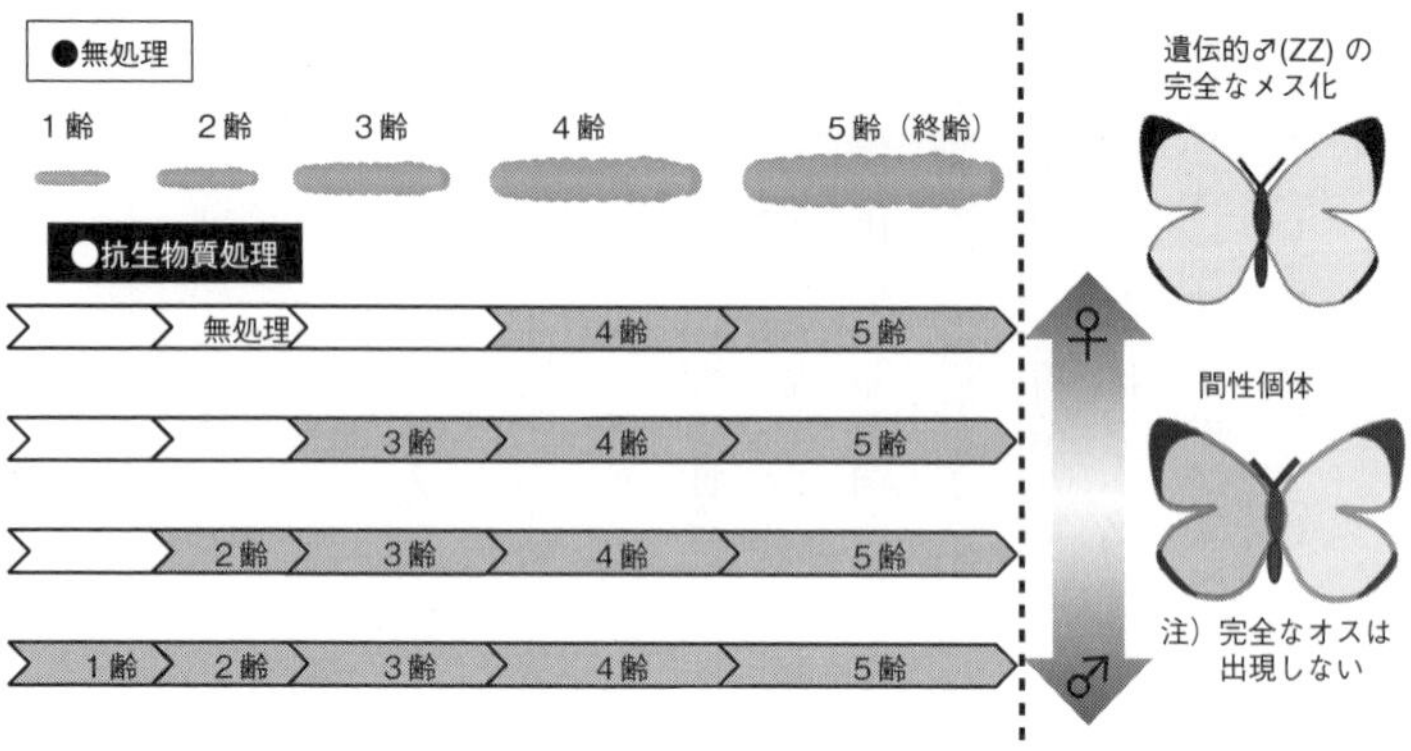

図5・2　抗生物質処理の期間と成虫時の表現型の関係.

くなった個体の細胞では性転換は完了してしまっており、完全に性転換したメス成虫が生まれてくるのではないかと予想していた。そのことを確かめるため、次の実験ではさまざまな幼虫の成長段階から抗生物質を与えて成虫まで育て、蛹での死亡率や、性転換作用の効果のほどを観察することにした。

研究材料であるキタキチョウは、卵、幼虫、蛹、成虫と四段階の完全変態をおこなう昆虫である。その成長段階のうち、食べ物を摂取するのは幼虫と成虫だけである。幼虫は、三週間ほどかけて脱皮を繰り返して成長し、脱皮を一回するごとに幼虫の齢が変わる。このチョウの幼虫は、一齢（卵から孵化した幼虫）、二齢（一回脱皮）、三齢（二回脱皮）、四齢（三回脱皮）、五齢（四回脱皮）まであり、その後もう一度脱皮して蛹になる。次におこなった実験では、性転換系統の幼虫に抗生物質を与えはじめる時期を一齢から四齢まで幅をもたせ、蛹まで育て、成長段階ごとの死亡率などを記録していった（図5・2）。そして、成虫になってから、すべての個体において、オスとメスで異なる特徴をもつ翅・内部生殖器（オスなら精巣、メスなら卵巣など）・交尾器をよく観察していった。その結果、いろいろなことがはっきりしてきたのである。

結果は私の予想に反して、三齢幼虫や四齢幼虫になっても細菌による性転換はまだ完了していないことを示していた。三齢幼虫や四齢幼虫から抗生物質を与えても、一部の個体では、オスの翅をもつものや、解剖するとオスの精巣とメスの卵巣を同時にもっているような個体が見つかった（口絵6）。このことは、三齢や四齢になってから体内の共生細菌ボルバキアの効果を弱めた個体も、完全な性転換はせず、少しオスに戻っていたことを示していた。つまり、幼虫の後期になっても体内のボルバキアは必死に宿主を性転換させるためにせっせと働いていたのである。

そして、興味深いことに、宿主が孵化した直後から共生細菌を除去したとしても、それらの個体は完全なオスには戻れなかった。この結果は、宿主体内の細菌は卵から孵化する前にすでになんらかの性転換効果を発揮していること示していた。

また、宿主幼虫は、抗生物質を与えはじめる時期が成長段階において早ければ早いほど、よりオスに戻ろうとする力が働いていた。共生細菌側からすると、宿主が摂取した抗生物質によって動きが抑圧される時期が早く始まるほど宿主を性転換する力が弱くなるということである。性転換が引き起こされる時期を予測するうえで参考となる結果は、（一）宿主幼虫のどの時期から共生細菌ボルバキアの効果を弱めても宿主はオスに少し戻ること、（二）卵から孵化した直後から抗生物質を与えた宿主も完全なオスになることはできなかった。という二つである。このことから、共生細菌ボルバキアが宿主を性転換させるためには、宿主の幼虫期以前と幼虫期全体の両方の時期において存在し続け、働きかける必要があることがわかった。

この研究は、共生細菌の作用が宿主の発生初期に完了するとのそれまで考えられていた通説とは相反する証拠となった。つまり、共生細菌の作用が宿主の初期発生段階に限定されず、長く幼虫期にわたることを示す明確な証となったのである。この発見は私だけでなく共生細菌の分野全体においても、予想に反した大きな発見であったため、この研究論文が掲載された時には、プレスリリースされ、各新聞でこの発見と研究が報道された。

蛹大量死の謎

このようにして、共生細菌による性転換作用の時期が予想外に長期間にわたることがわかったわけだが、ここで、孵化直後から抗生物質を与えて育てた宿主幼虫は、ほとんど蛹で死んでしまうことを思い出していただきたい。蛹で死なずにかろうじて生き残った個体が、オスとメスの特徴を同時にもった奇形の間性個体だったのである。

この実験をおこなった際、すべての個体を一匹ずつ飼育していたため、どの時期から抗生物質を摂取した個体が、いつの時期に死んだか、生き残って成虫になった場合には体がどうなっていたかの詳細を記録することができた。その結果、蛹で大量に死亡するのは、孵化直後の一齢幼虫と二齢幼虫から抗生物質を与えた個体に限られていることがわかった(図5・3)。もっと成長した三齢幼虫や四齢幼虫から抗生物質

抗生物質処理期間	羽化率（個体数）［蛹数／成虫］	成虫時の性
無処理	54%（312）	完全なメス
1齢〜終齢	3%（87）	間性
2齢〜終齢	9%（11）	間性
3齢〜終齢	46%（53）	間性
4齢〜終齢	71%（7）	間性

＊無処理では成虫はすべてメス（完全なメス化）

図5・3　幼虫初期（1齢・2齢）から抗生物質処理をした個体の多くは、蛹から成虫に羽化できない．

を与えた個体の蛹での死亡率は、ふつうの個体と同程度の五〇パーセント前後であった。一、二齢から薬を与えた個体は、蛹になるまでは元気に成長するが、蛹から成虫になれるのは、一齢幼虫で三パーセント、二齢幼虫で九パーセントと本当にごく少数である。ふつう、幼虫の時に元気だった個体が蛹で死ぬことなどほとんどなく、蛹になった途端に発育をやめミイラ化して死んでいく個体の異様さは顕著であった。

なぜ、幼虫の初期から抗生物質を与えた個体だけが死ぬのかについては、今の段階でわかっている手がかりが少ないため、いくつかの可能性をあげることしかできない。手がかりとなる結果は三つほどある。（一）幼虫初期（一、二齢）から抗生物質を摂取し、体内で細菌ボルバキアの効果が弱くなっている幼虫は蛹になるまでは元気に生きるが、蛹で突然死にはじめること。（二）それらの幼虫のうちで死ななかった個体はすべて強いオスの特長をもつこと。（三）幼虫の後半（三、四齢）から抗生物質を与えた個体は蛹で死ぬことはなく、成虫になるとメスの特徴がほとんどではあるが少しオスの形質をもった間性個体になっていること。

これらの手がかりから、蛹大量死の理由の一つとして予想できるのは、オスとメス両方の形質を一個体の中にもってしまった時に生じる体組織の歪みやオスとメスの細胞の間で起こる不和合である。幼虫後期になってから薬を摂取した個体の体や内臓は、オスの形質を少しはもつものの、そのほとんどの部分がメスになっているため、見た目の体のねじれ具合や奇形の度合いも弱く、ふつうの個体と同じように飛ぶ能力を少しもつ個体もいる。しかし、幼虫初期に抗生物質を摂取した個体は、完全なオスではないがオスの特徴を強くもち、体全体の奇形の度合いも著しく、そのほとんどが歩くことさえできず、体は常に震えており、蜜を吸うためのストロー状の口がだらしなく伸びきっていることが多かった。つまり、幼虫初期から抗生物質を摂取すると、形や働きの異なるオスとメスの両方の組織が一つの個体の中で同時に作られてしまい、成虫の体を作る時期である蛹の時点で多くの細胞や組織で歪みや対立が起こり、その結果、蛹で死んでしまうのではないかと予想できる。

また、この蛹段階での死亡の原因には別の可能性も考えることができる。それは、共生細菌が自分が宿主から排除されそうになると宿主を殺すという可能性である。幼虫初期から抗生物質を摂取した個体は長期間にわたって体内の共生細菌密度が抑えられているため、そのような個体から共生細菌が次の世代に伝播感染できる可能性はほとんどない。共生細菌は「オス殺し」現象のように、自分が伝播できない個体を邪魔者として認識し、殺してしまう場合もある。つまり、幼虫初期から抗生物質を摂取し、宿主体内の共生細菌が次の宿主に伝播できるような高い密度で保持されなかった場合に限り、共生細菌はその宿主を殺す作用を働かせるのではないかという予想を立てることができる。この二つの予想のうちどちらが正しいのか、あるいはまだ私が考えもつかないような理由によって宿主の蛹が大量に死ぬのかは、いまだ不明なままである。

第6章
オスでもメスでもない個体の細胞内

オスとメスの決まり方

昆虫におけるオスとメスの分化のしくみについては、「人間のように体をめぐる性ホルモンによるものではなく、一つひとつの細胞ごとの遺伝子によって雌雄が分化していく」と前の章で少しだけ触れたが、ここからは昆虫の細胞内の性決定のさらに細かい話になっていくので、そもそも昆虫の性別はどうやって決定されるのかについて最初に紹介したいと思う。

昆虫の性決定でもっともよく研究されているのは、モデル生物であるショウジョウバエである。ショウジョウバエでは、性染色体の組み合わせが人間と同じようになっており、オスはX染色体とYの性染色体を一本ずつもち、メスはX性染色体を二本もっている。ハエがオスになるかメスになるかの最初の指令は、X染色体(通常メスなら二本、オスなら一本)と常染色体(性染色体以外の染色体。通常二本)の比率によって決まる。X染色体÷常染色体＝一　の場合はメスに、X染色体(二)÷常染色体＝〇・五の場合はオスになる。通常メスならX染色体を二本もち、常染色体も二組あるので、X染色体(二)÷常染色体(二)＝一になる。オスは、X染色体を一本しかもっていないので、X染色体(一)÷常染色体(二)＝〇・五となる。この比率は発生の初期に認識され、その後、各細胞に記憶され、オスとメスの形質を指定する他の多くの遺伝子に伝達されていく。ショウジョウバエでは、*Sxl* (*Sex-lethal*：セックスリーサル)と*tra* (*transformer*：トランスフォーマー)と*dsx* (*doublesex*：ダブルセックス)の三つの性決定に関わる遺伝子(性決定遺伝子)の作りだす産物の調節によってオスとメスに性決定されると考えられている(図6・1)。

共生細菌ボルバキアによって性転換しているキタキチョウは、遺伝的には完全なオスである。それが機能的に完全なメスになるのである。では、遺伝的にはオスであるのに完全なメスに性転換している宿主の細胞の性決定遺伝子はどうなっているのか。また、5章で紹介したオスでもメスでもないような中間的な間性個体の性決定はどうなっているのかが、気になってくる。このことが実験によって明らかになってきたのはつい数ヵ月前のことである。このことを調べるには、一年間もあればじゅうぶんだと思っていたが、三年近くもかかってしまった。

研究は思わぬ発見などによってグイグイと進むときもあるが、やりたいことがはっきりしている実験を組んでいるにも関わらず、実験に手間どって前に進めなくなる時もある。この研究は私が今までおこなってきた研究の中では一番手間どったと感じる。この章では、性転換個体とオスとメスの中間の個体において細胞内の性遺伝子がどのように変化していたかについてわかってきたことを紹介していきたいと思う。

見つからない遺伝子

ショウジョウバエでは、性決定に関わる遺伝子（性決定遺伝子）がいくつか知られており、性決定の流れもわかってきているが、他の昆虫では、性決定遺伝子の数、種類、また流れがどうなっているかなどはほとんどわかっていない。性決定遺伝子のうち*dsx*遺伝子だけは、いろいろな昆虫で見つかっており、それらの昆虫でもショウジョウバエなどと同様にその遺伝子の作り出す産物がオスとメスで異なっているこ

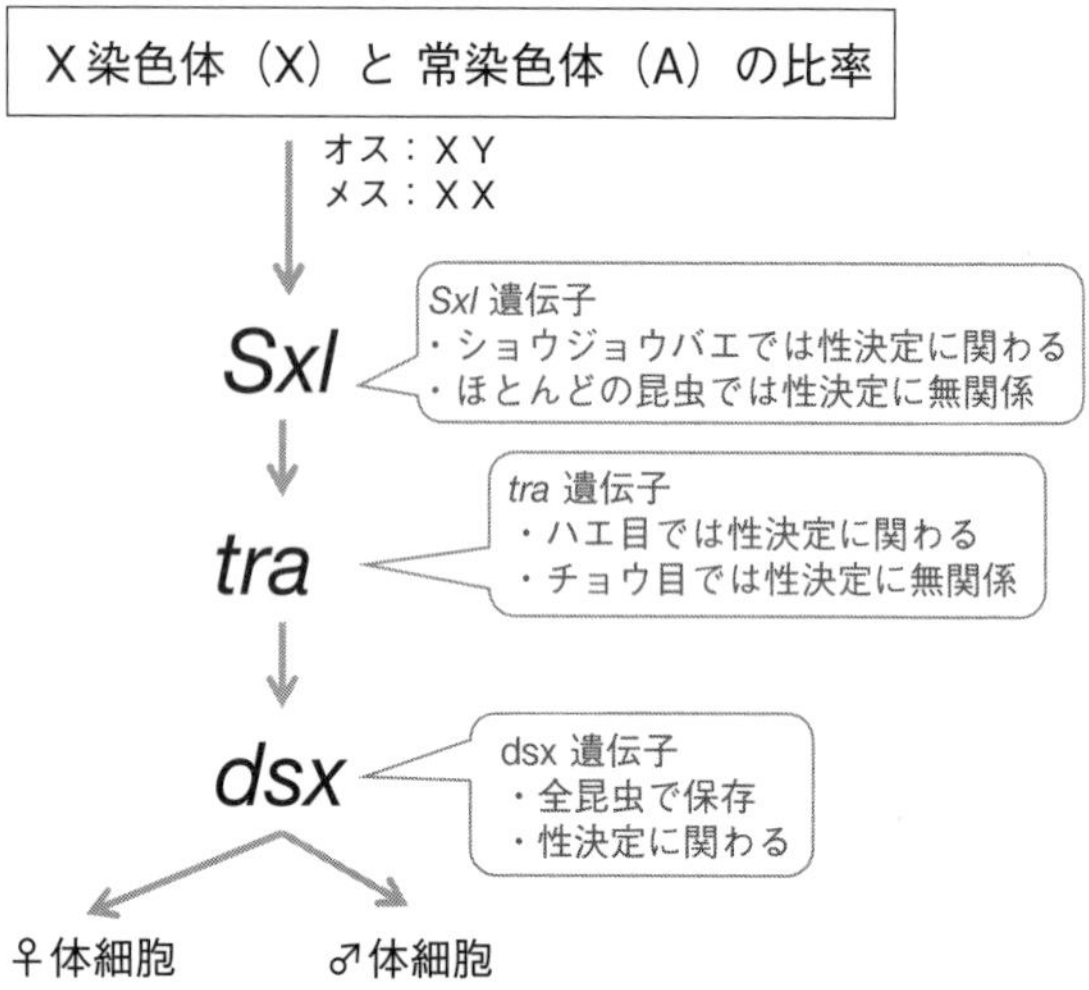

図6・1　ショウジョウバエにおける性決定カスケード.

とから、ほとんどの昆虫でこの遺伝子がオスとメスそれぞれに特異的に発現すると考えられている。しかし、私の研究材料であるキタキチョウでは、その*dsx*遺伝子の配列さえも見つかっていなかった。そのため、手はじめに性決定にかかわっているであろうこの遺伝子を探しだし、ふつうのオスとメスの細胞では、どういった発現パターンをもっているのかを確かめる必要があった。しかし、この作業がもっともたいへんだったのである。

生物はたとえ種が異なっても重要な役割をもつ遺伝子は、同じものをもっていることが多い。私が探していた性決定遺伝子*dsx*遺伝子は、まさにそういった類の遺伝子である。この遺伝子は、昆虫ももっているが、昆虫とは似ても似つかない人間も同じようにもっている。しかし、種が違えば、同じ機能をもつ遺伝子であってもDNA配列が異なってくる。そして、生物どうしが近縁であれば、遺伝子の配列も似ている確率が高い。そのため、新しい生物で目的の遺伝子を探してくる場合、その生物に近縁な生物ですでに見つかっている遺伝子配列などを参考にして、配列を見つけていく。しかし、一言で「配列を見つける」と言ったが、この作業には勘と運がつきまとう。何度か実験するだけで比較的容易に配列が見つかる場合もあるが、今回のように数年もかかる場合もあるし、もっと悪い時には何年実験しても全然見つからないこともある。この研究をはじめた時、ハエや蚊などハエ目昆虫ではこの *dsx* 遺伝子の配列が比較的多く報告されていたが、チョウや蛾では、*dsx* 遺伝子配列の発見がほぼ皆無で、唯一モデル生物であるカイコでのみ報告されていた。そのカイコの情報から、キタキチョウでも *dsx* 遺伝子の配列を予測して配列決定を試みたが、*dsx* 遺伝子以外の意味のない遺伝子の断片配列しか取れてこないため、やる気を持続するのが難しかった。私は何度も実験に失敗すると、だんだんと後ろ向きの考えに支配されていってしまう。自分の実験が下手だから遺伝子が取れてこないだけで、他の人がこの実験をすればすぐに実験が成功するのではないか、こんなことに長い時間をかけても意味がないのではないか、しまいには、過去におこなった自分の悪行のせいでバチが当たっているのではないかなど科学的思考とは程遠いことまで考えるようになる。しかし、後ろ向き思考の甚だしさと熱血研究魂がほどよく抜けてきたその数年後、共同研究者の協力もあって、ある日ポロッとキタキチョウの *dsx* 遺伝子は見つかった。

コラム　研究用語は妖しい響き!?

毎日、毎日、研究のことばかり考えていたこの頃、一般の認識のようなものが薄れていき、ふつうの人からしたらとんでもないことを大きな声で口走ってしまったことがあった。

それは、仲良くしてもらっていた研究仲間とセミナーか何かで久しぶりにあい、一緒に電車で帰っていた時のことである。この後の出来事を正確に伝えるために、最初に私と彼の容貌について少し触れたいと思う。私はごく一般的な容貌なため、電車などの公共機関を利用する時などは周りに溶け込み、周囲の視線を集めることはほとんどない。しかし、その日一緒にいた彼は、腰まである長い髪と人間離れした独特の不思議な雰囲気を放ち、どこにいても周囲の視線を一人占めしてしまうような人物だった。以前、彼から聞いた話だが、彼が国際学会で乗り継ぎのために外国の空港で待っていたら、みるみるうちに彼の回りに人だかりができ、触られたり、サインを求められたりしたらしい。その異様な状況について話を聞いた人たちは、彼が何かの教祖のようにも見えるので、そういった類の人にまちがわれたのだろうと分析した。彼の見た目は奇抜で怪しいものの、大学院の頃から優しくしてもらっており、その見た目とは裏腹に彼には良識があり、研究の面でも人間的な面においてもすばらしい人である。

しかし、彼の内面など知らない、ただ同じ電車の車両に乗り合せた人たちは、最初から彼のことをチラチラと横目で見ていた。そんなことは気にせず、私と彼は研究の話などで盛り上がり、私はおもに dsx 遺伝子の実験の不調を彼に訴えていた。彼は、私が実験の不調で苦しんでいることを知って、そういった実験に詳しい知り合いの研究者に聞いといてあげるよと言ってくれ、私は嬉しくなっていた。

私は降りる駅に到着し、ホームに降りると、まだドアが開いている間にもう一度dsx遺伝子のことを彼に念を押しておこうと思い、電車に残った彼に向かって、

「○○さん、ダブルセックス（dsx）の件、本当にお願いしますね！！」

と少し大きめの声で言った。その瞬間、車両に乗っていたほとんどの人から私たちに驚きの視線が注がれ、私も彼も「はっ、まずい！」と気づいたが、口から出た言葉は二度と戻ることはない。そして、私は厳しい視線から逃れるように急いでホームに降り立ち、車両中の視線を一身に集めている彼をその電車に残してしまった。

性決定などについて研究している私たちにとって、「dsx（ダブルセックス）」は有名な遺伝子の名前だとしても、それは電車という研究者以外の人が集まった状況では何の意味ももたない。一見、ふつうそうな私が、怪しげな風貌の彼に、電車という公衆の面前で「ダブルセックス」をあっけらかんとお願いしているのである。突き刺さる視線に囲まれ、車両に一人残された彼の気丈な顔を今でも鮮明に思い出すことができる。

「ダブルセックス」の他にも、第4章で紹介したオス不足の島における話をしていた時に、

「種子島は、精子不足で大変なんだよね（チョウにとって）。」

と電車で話した時に数人にじろじろ振り返られたこともある。性決定に関する研究をしていると、普段よく使う言葉が一般の人からすると怪しげな響きをもつことがある。その後も、何度か苦い経験をした私は公共の場で研究の話をする時にはかなり言葉を選ぶように気をつけている。

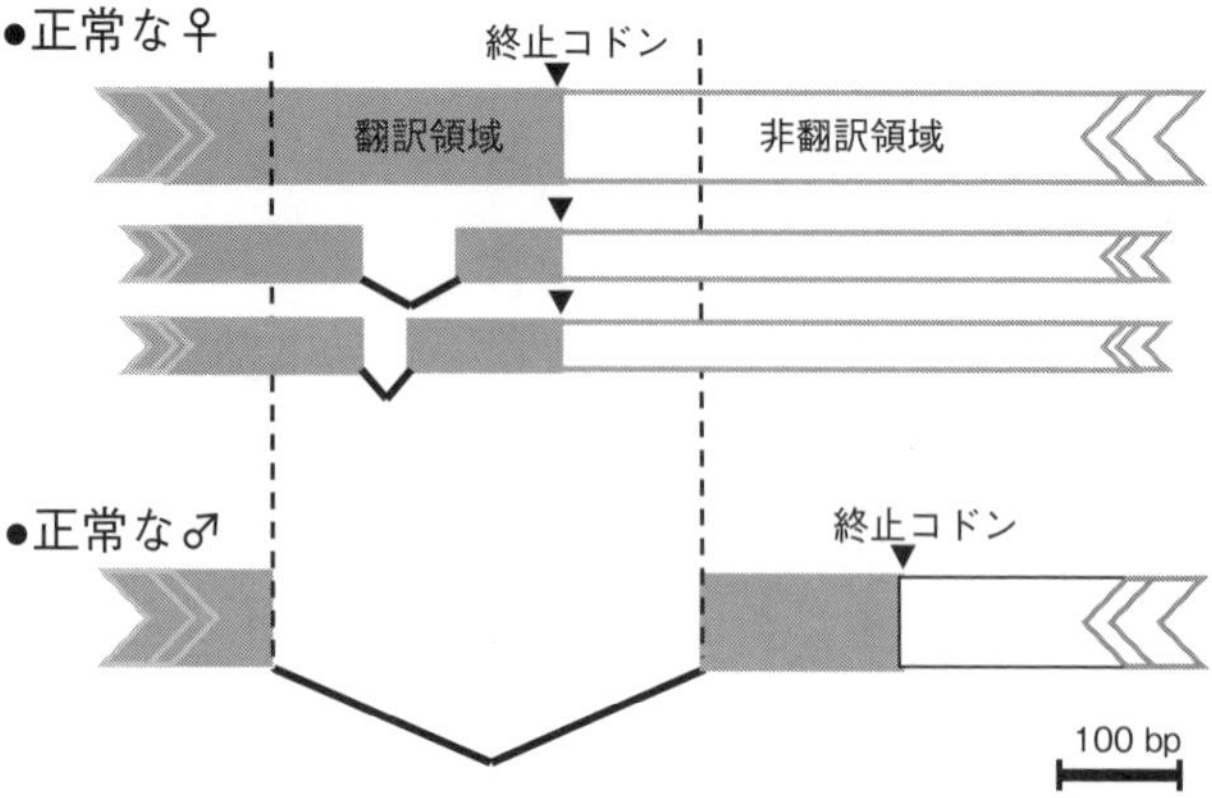

図6・2　キチョウ *dsx* 遺伝子の 性特異的スプライシング.
＊ｂｐ：ＤＮＡ２本鎖の塩基対（base pair）.
＊コドン：ＤＮＡの塩基配列が、アミノ酸配列へ翻訳される時の、各アミノ酸に対応する３つの塩基配列のこと（例：GAC＝アスパラギン酸）. 対応するアミノ酸がなく、最終産物であるタンパクの生合成を停止させるために使われているコドンは終止コドンと呼ばれる.

性転換個体の遺伝子発現

めでたく*dsx*遺伝子が見つかった後、キタキチョウのふつうのオスとメスでその遺伝子の発現パターンを調べた結果、オスとメスでは遺伝子の翻訳される部分が異なっていることがはっきりした（図６・２）。同じ遺伝子でも翻訳される部位が違えば、作り出される産物の種類が異なってくる。一般に、性決定遺伝子には一連の遺伝子の順番があり、遺伝子産物のパターンによって次の遺伝子に別々の指令をくだす。そうやって連続的にオスとメスで別々の遺伝子発現がおこなわれていく。そして、最終的にはオスでは精巣、交尾器などオス特異的な体が形成され、メスではメス特異的な体が形成されていくのである。

　ここまでくるのに、あまりに何度も実験に失敗し、何度もぬか喜びをしまっていたため、*dsx*遺伝子が取れてきたかもしれないという状況下でも、なんとなく

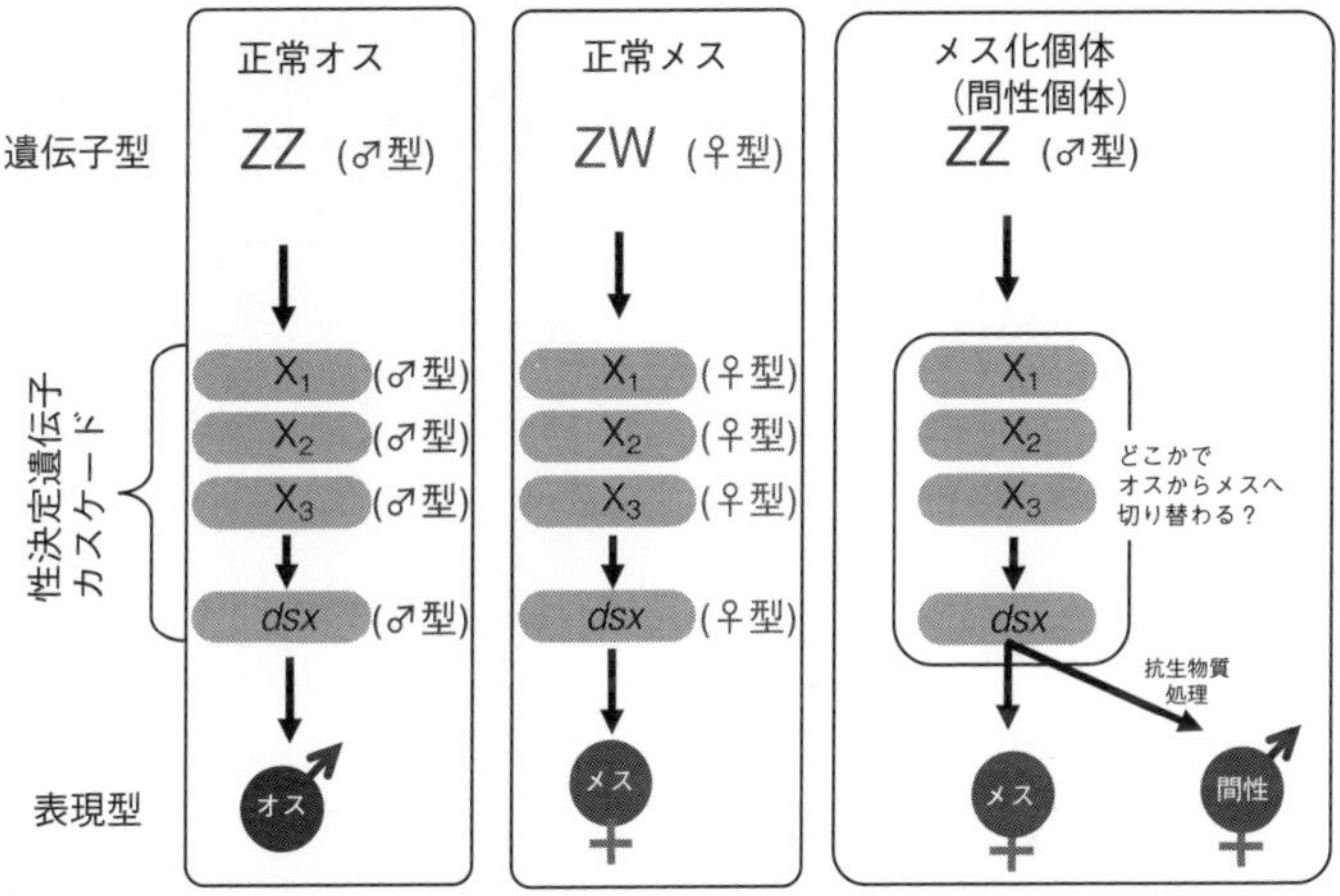

図6・3　分子レベルにおける性決定．メス化個体では遺伝子型と表現型が食い違う．

前向きな期待ができなくなっていた。*dsx* 遺伝子が本当に見つかったとしても、どうせキタキチョウではオスとメスで違った産物など作られておらず、性決定にも関わっていなかったというオチで、結局はこの遺伝子を見つけることに最初から意味はなかったということになるのではないかとまで思っていた。

しかし、実際には私が予想していたような悪い結果にはならなかった。見つかった *dsx* 遺伝子は本物の性決定遺伝子で、キタキチョウのオスとメスでは、遺伝子の翻訳される部分が異なっており、オスとメスの違いを形作ることに関わっていることがはっきりしたのである。先が見えてくると、俄然やる気も復活してくる。本来、知りたかったのは「メスに性転換したオス個体やオスとメスの中間の個体（間性個体）は、遺伝子レベルではオスなのかメスなのか」である。

性転換個体やオスとメスの中間の個体はZZの性染色体をもっており、遺伝的には完全なオスである。昆虫は

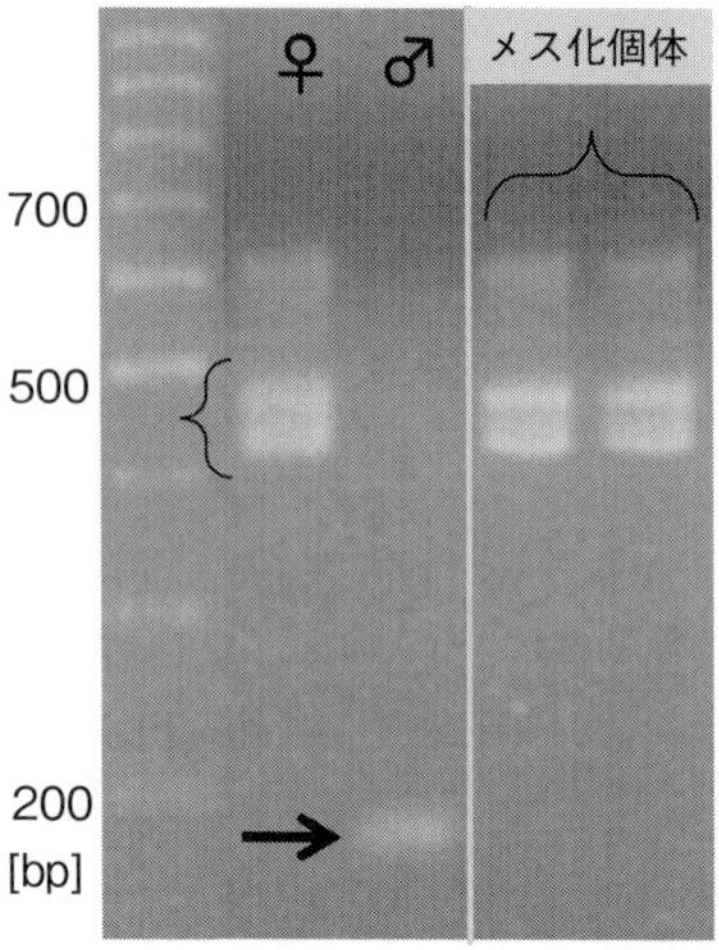

図6・4　メス化したキチョウにおける*dsx*遺伝子のスプライシングのパターン．メス化個体の*dsx*遺伝子はふつうのメスと同じバンドパターンを示している．

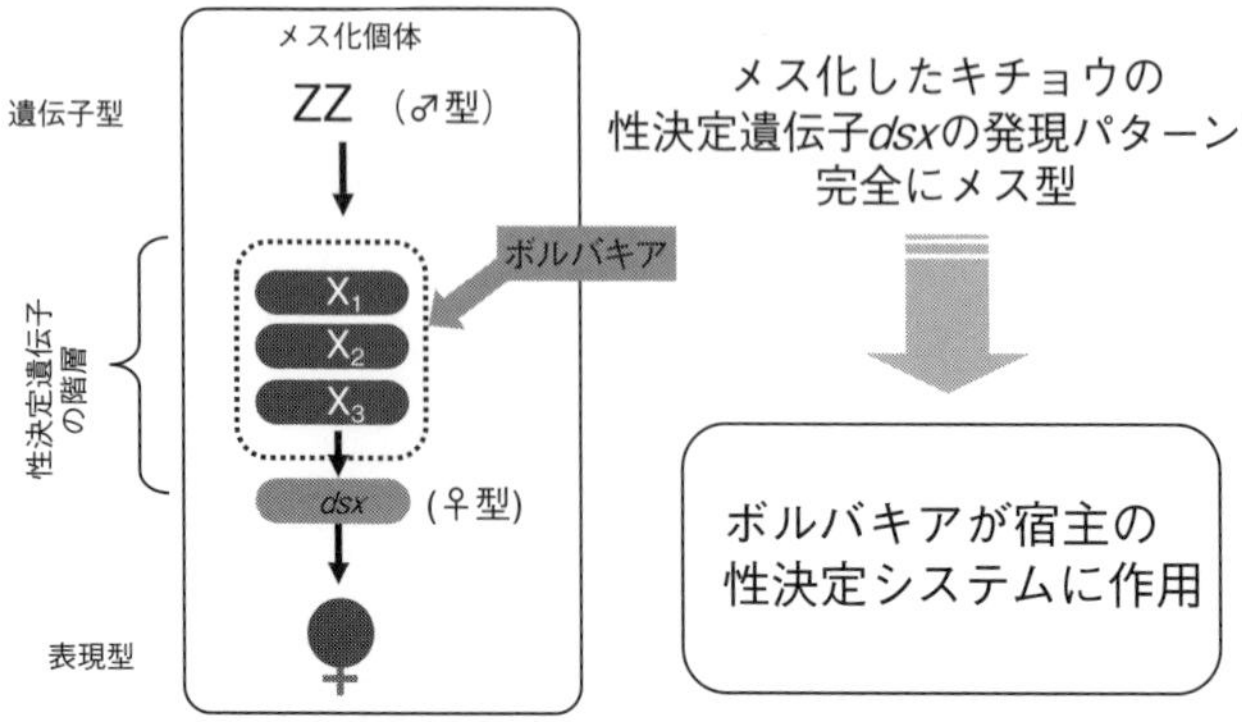

図6・5　共生細菌ボルバキアは宿主の遺伝子発現に影響を与えて性転換させている．

細胞ごとに性決定遺伝子がオス型に働くか、メス型に働くかで、体がオスとメスに分化していくため、オスの性染色体をもっていれば、細胞の最初の性決定の指令はオス型である。しかし、性転換個体ではできあがった体は完全なメスとなっている。このように遺伝子型と表現型が逆になってしまった個体の性決定遺伝子がどうなっているのかが気になっていた（図6・3）。

そして、性転換個体で*dsx*遺伝子がメスになっているかオスになっているかを調べると、*dsx*遺伝子は完全なメスになっていることがわかった（図6・4）。それまで、共生細菌が宿主を性転換させる方法などについてまったくわかっていなかったが、この結果から共生細菌ボルバキアは宿主の遺伝子発現に影響を与えて性転換させていることが、はじめて明らかになったのである（図6・5）。

コラム　スプライシングとは?

通常、DNAからメッセンジャーRNAへの転写がおこなわれる際にはこれらのすべてが順に転写されていく。その後、転写生成物（mRNA前駆体）からイントロン部分の切り捨てがおこなわれてエキソン部分が連結し成熟mRNAができあがるが、この不要な部分の切り捨ての過程をスプライシング（splicing: 継ぎ合わせるという意味）と呼んでいる。

しかし、時にスプライシングをおこなう部位・組み合わせが変化し、複数の成熟mRNAが生成することがある。これを選択的スプライシングと呼び、一つの遺伝子から複数の生成物が生じてくることになる。

キタキチョウの*dsx*遺伝子ではこの選択的スプライシングが性特異的におこなわれており、オスとメスでは*dsx*遺伝子配列のうち翻訳される部位が異なっていた（図6・2）。

間性個体の遺伝子発現

遺伝的にはオスなのに、体内の共生細菌によって見た目、機能ともに完全にメスになっている性転換個体の性遺伝子の発現はメスになっていることがわかると、次に気になってきたのは前の章で紹介したオスとメスの中間の間性個体で性決定遺伝子の発現がどうなっているかである。

この間性個体はどうやって作り出されるかということを少し思い出していただきたい。性転換作用をもつ共生細菌ボルバキアに感染すると遺伝的なオスも完全なメスになってしまう。しかし、宿主の幼虫時に抗生物質を与えて、体内の細菌の力を弱めると宿主は完全には性転換せずオスに戻っていってしまうため、成虫時にオスとメスの特徴を併せもった間性個体となる。

このような中間個体の性決定遺伝子の発現がオスなのか、メスなのか、あるいはそのどちらでもないのかを知るために、オスとメスがとくに強く混ざり合ったような中間的な個体数匹についても同様に*dsx*遺伝子の発現を調べた。すると、それらの個体の*dsx*遺伝子はオスとメス両方の発現をしていたのである（図6・6）。このような結果になるのではないかと少し予想はしていたものの、キタキチョウの間性個体

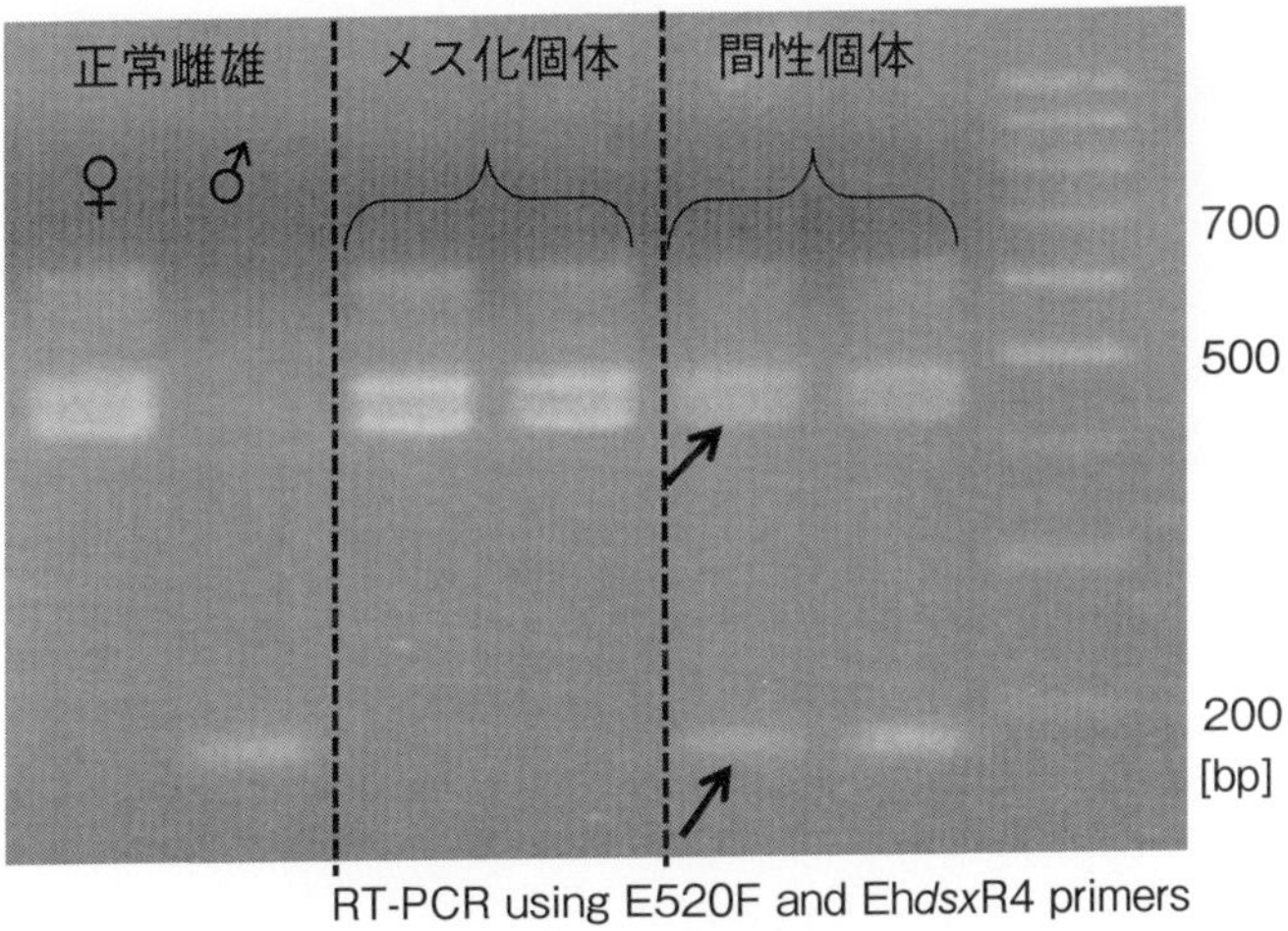

図6・6　オスとメスの中間個体である間性個体（遺伝的にはオス）では、オスとメス両方の*dsx*遺伝子のスプライシングがおこなわれていた.

が性決定遺伝子においてオスとメス両方の発現を示していることを明らかにしたことは生物の性決定の分野においては新しい発見であった。

人間は性ホルモンが体をめぐって性分化が進む動物であるため、男性でも女性でも男性ホルモンと女性ホルモンの両方が分泌されている。そのため、性決定遺伝子がオスとメスの両方発現をしているキタキチョウが当たり前であるかのように感じてしまうかもしれない。しかし、昆虫は人間とはまったく別の性決定システムで、性ホルモンは存在せず、細胞ごとの遺伝子発現によってオスかメスかがくっきり決まっていてそれが一生涯変わらないのがふつうである。一つの個体で*dsx*遺伝子がオスとメスの両方のパターンで発現している例は、ショウジョウバエやカイコなどのモデル生物で知られているが、今回キタキチョウで見つかった原因とは根本的に異なっている。カイコやショウジョウバエで*dsx*遺伝子がオスとメスの両方のパターンで

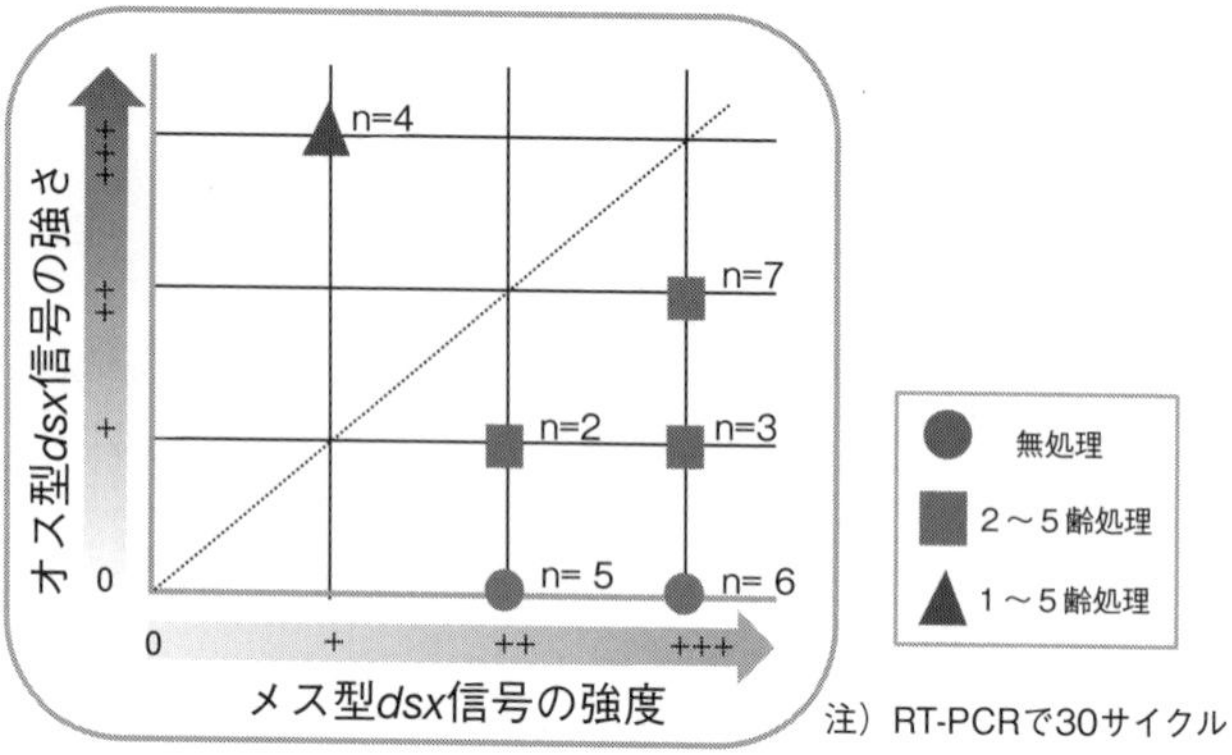

6・7　抗生物質処理期間と成虫時の*dsx*発現パターン．抗生物質処理を開始する時期が早いほど*dsx*のオス型の発現パターンが強く現れる．nは調べた個体数．

発現している例というのは、そもそも遺伝的に異常な個体や、突然変異によってその遺伝子が壊れている場合である。

しかし、キタキチョウの場合は遺伝子が壊れているわけでもなく、遺伝的には正常なオス（ZZ）である。このように遺伝的には完全に正常な個体の体内でオスとメス両方の遺伝子発現が検出されることは昆虫でははじめてのことだったのである。

少し前でも触れたが、キタキチョウでは抗生物質を与える時期を長くしたり短くしたりすることによって、成虫時の間性の度合いを調節することができる（九九頁、図5・3参照）。そこで、処理時期を長くすることでオスの特徴が強く現れた宿主、処理時期を短くすることでメスの特徴が強く現れた宿主などさまざまな間性度合いをもつ個体において*dsx*遺伝子の発現状態を調べた。

その結果、幼虫期に長期間にわたって抗生物質を与え、性転換作用のある共生細菌の力を弱めた宿主の*dsx*遺伝子の発現は、オスとメスの両方出るものの、オスのパターンが強く検出されるものが多かった。それに対し、抗生物質処理を蛹になる直前のみにしか与えなかった個体では、メスのパターンが強く検出され、オスのパターンはほとんど検出されない個体ばかりであった（図6・7）。つまり、宿主体内の共生細菌ボルバキアの力が少しでも弱まると、もともと遺伝的にはオスである宿主の遺伝子は、オスの発現パターンに戻っていってしまう。このことは、共生細菌ボルバキアが宿主を性転換させるためには、持続的に宿主の性決定に作用し続ける必要があり、ひとときも力を抜けないことを示していた。

互いの存続をかけた駆け引き

このボルバキアはつねにギリギリのところで宿主を性転換しているわりに、実際に感染宿主を飼育してみると、感染母親から生まれた子は難なくすべて完全なメスに性転換しており、性転換作用が弱まってオスとメスの中間的な特徴をもった個体などでてきたためしがない。性転換が引き起こされるのはwCIとwFemという二種類のボルバキアに感染している母親の子どもたちであるが、奇妙なことに完全に性転換したこれらの子の中には二種類のボルバキアのうち片方のボルバキア（wFem）を失い、wCIボルバキアにしか感染していない個体が存在する。前の章で触れたが、wCIに単感染しているキタキチョウでは細胞質不和合が引き起こされ、性転換は起こらない。ことから、宿主の性転換に重要な役割を果たすのはwCIではなくwFemであると予想してきた。しかし、完全に性転換した成虫の中にはwFemをもっていない個体が二割程度含まれるのである。

先にも述べたが、性転換現象を研究しはじめた時は、共生細菌の性転換は母親の卵の段階や卵発生のごく初期に遺伝子などの刷り込みなどによっておこなわれ、その後は宿主に共生細菌がいてもいなくても性転換は完了すると予想していた。そのため、成虫時にwFemをもっていない個体が存在することがわかった時も、宿主が卵の段階でwFemがいればいいのだろうとたいして気にもとめていなかった。しかし、今となっては、幼虫全期にわたって宿主体内で存在し作用し続けなければ宿主を性転換させることができないとわかったため、完全に性転換した個体であってもwFemのボルバキアを失った個体が不可解である。

これまでのほとんどの実験では宿主を成虫まで育ててから、体内の二種類のボルバキアの存在の有無を調査していたが、幼虫の時期にそれら二種類のボルバキアの存在の有無を調べたことがある。調べた個体は数十匹程度と少ないものであったが、調べた個体はすべて二種類のボルバキアを両方もっていた。体内に存在するボルバキアの種類を調べるには、宿主を殺す必要があるので、幼虫の段階で二種類のボルバキアをもっていた個体が成虫になった時にも両方のボルバキアをもち続けているかどうかは確かめることができない。しかし、成虫では二割程度の個体が片方のボルバキアを失っている結果と合わせて考えると、幼虫の時には二種類のボルバキアをもっているが、蛹やその後の成虫の段階になると片方のボルバキア(wFem)だけが抜け落ちてしまっていると考えるのが妥当だと感じる。この現象は、共生細菌の狙い通りなのではなく、あえなく性転換させられてしまう宿主の必死の抵抗のように見える。なぜなら、共生細菌ボルバキアにとっては、せっかくすべての子を自分が伝播できるようメスに性転換させたのに、性転換作用をもつwFem系統が排除されてしまったら、次の世代ではすべてオスになってしまい宿主を性転換させた努力と戦略が水の泡になってしまう。しかし、宿主であるキタキチョウ側の集団の存続という視点から考えると、性転換細菌をもっていることは不利益である。性転換細菌が完全に伝播していくと集団中がメスばかりになり交尾相手のオスが足りなくなってしまう。オス不足になった集団の個体数は激減し、そのまま消滅してしまう危険が増す。そして、宿主の体内でしか生きられない内部共生細菌にとっても宿主がいっきに消滅してしまうことは望ましくない。共生細菌も宿主も自分の子孫が繁栄し続けることだけがたいせつであり、垂直伝播する共生細菌と宿主との自己の繁殖をかけた絶妙な駆け引きと戦略が、この二割程度の性転換細菌の喪失という現象に現れているように感じる。

What is science?

第7章
研究を自分の中でどう捉えるか

学生でも給料と研究費を

この本をはじめから順々に読んでおられる方には、私が卒業論文ではじめて研究をおこなう楽しさに目覚めてから、これまで順調にやってきたかのような印象を与えてしまったかもしれない。確かに、私は研究をおこなう環境、ことに指導教官や周りの研究者、家族などに関してはとても恵まれてきたし、生来もっていた好奇心や、既存の思考に囚われるのを嫌う性格が研究をする際には役だつことも多くあった。

大学を卒業する前の一年間でおこなった卒業研究で、研究に興味がわき、その後の大学院の修士課程の二年間でははじめての学会や、新しい実験、新しい研究仲間、はじめての調査など自分が経験したことのないことを純粋に楽しみ、それまでまったく知らなかった研究という未知の世界に対して強い憧れを抱いていた。しかも、私は大学院生の時に、独立行政法人日本学術振興会に特別研究員として採用され、学生でありながら毎月給料と自分の研究費をもらえるというかなり恵まれた立場に置かれていた。

日本学術振興会はもともと文部省の機関で税金を使って研究者を育てるための機関であった。今は独立行政法人になっているが、税金を使って研究者を育てるという基本的な目的とシステムは変わっていない。インターネットで検索すればすぐに見つかると思うが、日本学術振興会のホームページにいくと、この研究員の制度について次のような説明書きがある。

「特別研究員制度は、我が国トップクラスの優れた若手研究者に対して、自由な発想のもとに主体的に研究課題等を選びながら研究に専念する機会を与え、研究者の養成・確保を図る制度」

この研究員に選ばれた人は、毎月給料と自分の研究のための研究費を大学院生の間の最長三年間もらうことができる。また、この研究員に採用された人は、大学にもよるが学費がほとんど免除され、大学院の間、お金や生活、研究費のことなどに翻弄されずに自分の研究をおこなえるようになる。

私の場合、学生のときに三年間この研究員（特別研究員ＤＣ１）として採用されていた。育英会などの奨学金を借りることによって経済的な問題があっても大学院に進学するという方法は学生の頃から知っていたが、この研究員制度は修士課程の学生になるまで知らなかった。奨学金の場合、就職後に借りたお金を返さなければならないが、この研究員で与えられた給料や研究費は、返す義務が発生しない類のお金であり、研究者をめざす学生や研究に打ち込みたい大学院生にとってはとてもありがたい制度である。

私の周りには、この研究員に採用されている人がほとんどおらず、私には関係のない遠い世界の制度のように思われた。しかし、学生の頃から自分の所属していた大学の研究室以外の他の研究機関にもフラフラと出入りして共同研究などをおこなっていたため、お世話になっていた先輩研究者の中にはその研究員になったことがある方が何人かいた。そういう方々の勧めと協力があって、この研究員に応募することになった。

応募の際は、自分が今までやってきた研究を説明するとともに、今後自分がやってみたいと考えている研究計画について詳しく書いた書類を送る。採用されるかどうかは、その学生のやろうとしている研究内容がおもしろく、給料と研究費を提供するだけの価値がありそうかどうかで決まるらしい。そして、私は自分のやってみたいと思っていたチョウと共生細菌に関する研究構想を書き上げて応募し、幸運なことにそれが価値のありそうな研究だと判断され研究費を得ることになった。

学生の間に研究員に採用された三年間にどっぷりと自分の研究をおこなうことができた私の研究はトントン拍子で進んだ。研究成果は科学論文にドンドンと掲載されていき、新聞でも私の研究が取りあげられ、博士課程は飛び級をして博士号を取得した。このように書くと、まるで私は優秀な学生だったと自慢をしているかのようであるが、研究員に採用されたのも、研究が進んだのも、論文がドンドン掲載されたのも、新聞に載ったのも、飛び級をしたのも私の能力というより周りの研究者たちの協力が成しえた業と言える。私の周りにいた有能で優しく親切な指導教官や研究者たちは、私を本当の能力の何倍も先のところにつねに引き上げてくれていたのである。

当時、周囲から実際の能力の数倍上に思われていることを感じ、実際の自分はその評価に見合っていないと、自己嫌悪と焦りで苦しくなってしまうこともよくあった。

驚きに満ちた共生の世界

これまで私は細菌と宿主の共生関係について探ることを楽しんできた。研究で既存の事柄とは異なるビックリな発見をした時などには、概念から自由になり自分の思考が新しいものに出会う快感を味わう。そして、生物学は、そのような快感を味わう機会が多い分野でもある。なぜなら、生物学は他の分野に比べるとやっと最近になって出発点に立てたような学問であり、新しいことや未知のことがたくさんあるからである。

生物の体のしくみ、働き、進化、生物間の相互作用など生物学の分野は、人類がはじまっていらい、多くの人が関心をもっていた謎であったと思うが、宗教や文化などによってほとんどの国では死体を解剖することも禁止されてきたし、すべての生物は神によって形作られ、病気や疫病さえも人としての業によるのだとか、はじめからそのように定められていた運命だという考え方の文化のもとでは、病気の原因を探ったり、生物の進化を考えたりすることなど、ご法度であっただろう。

ほとんどの病気の原因は微生物、細菌、ウィルスなどに感染することで起こり、原因となるこれらの生物は肉眼で観察することなど不可能である。人は見えないもの、わからないものに対しては強烈な恐れを抱くことが多く、その不安を解消するためにその時代の常識でつじつまが合うような理由や原因をでっち上げ、それを信じようとする。そのため、微生物の存在が知られていなかった時代には、病気が多くでる家系は呪われているとか、疫病がなんでも人から人へ移ったり、遺伝したりすると思われて、いったん病気になった人が意味もなく生涯差別的な生活を強いられてきたことも多くあった。

今では、それらの原因微生物を確認できるような顕微鏡や染色法が発達し、DNAの発見によってめざましく発達してきた分子生物学的な実験方法によって顕微鏡でも見えないような大きさのウィルスやその他の原因菌などの正体を突き止めることが容易になってきた。しかも、それらの小さな生物たちは、他の生物と共生しており、宿主に悪影響を与えることもあるし、良い効果や、ただ一緒にいるだけのような共生関係を結んでいる場合もある。しかも、それら共生関係の中にはまだ知られていないようなせめぎ合う生物間の駆け引きや戦略などがあるはずである。私はそれらを知りたいと思うし、研究する価値があると思っている。

哲学の博士と呼ばれるわけ

研究と言ういい方をすると近代になって科学者によっておこなわれてきたことのような印象があるかもしれない。しかし、研究とは未知のことや物に対する人間がもつ好奇心や探究心の産物によって生まれたような知的活動で、人類がはじまっていらいつねに探究心をもつ人たちによっておこなわれてきた活動である。研究の対象は人間が目にしてきたさまざまな自然現象をはじめ、あらゆる物事、人間の根本性質、また人間が生みだす思想や芸術に対する考え方などに対しておこなわれてきたもので、その根本にあるのは好奇心と探究心である。

既存の考え方をまだ知らない子どもは、あらゆることに関心をもち、不思議に思い、知りたいと感じる。空が青いこと、夜になると星がでること、氷と水が同じであること、氷を入れたコップの外側に汗をかくこと、鯨は魚じゃないこと、昆虫の血は赤くないこと、動物の肉は食べて良いのに近くの犬や猫を殺してはいけないこと、欲しくても他人から物を盗んではいけないことなど、大人になってしまうとその理由などはっきりわからなくてもたいして気にならなくなり受け入れているようなすべてのことの理由を知りたいと思うらしい。それが人間のもつ好奇心であり、それらの理由や原因を探ろうと考える活動が研究なのだと思う。だからこそ、博士号を取得した人は、英語で「Doctor of Philosophy」と呼ばれるのだと思う。これは直訳すると「哲学の博士」である。この博士号は、自然科学でも考古学でも文学でもどんな分野でも何かについて探求し、研究をすることに挑戦し、研究をする際に必要となる知識や技術を得るために訓練を積んだ人に与えられる。

哲学というとアリストテレスやソクラテスといった人たちがやっていたような物事を理屈っぽく、難しく捉えるようなことでしょうと思っている方が少なからずいる。しかし、哲学とは以下のように定義されている。

「問題の発見や明確化、諸概念の明晰化、命題の関係の整理といった、概念的思考を通じて多様な主題について検討し研究すること」

これは、まさに研究である。すべてのことに対して探求し、思考を昇華させる活動が哲学であり、研究であるため、研究者になるために訓練された博士は「Doctor of Philosophy（哲学の博士）」と呼ばれる。しかし、一般的には研究と哲学はまったく違うものと捉えられており、その認識のズレを感じるたびに、なんとなく残念な気持ちになるのである。

応用と基礎という研究の分け方

なぜ、哲学と研究はまったく違うものと認識されてしまったのだろうか。それは、研究と応用開発に対する不正確な認識からきているように思う。生物学における研究は医療や農業に役にたつ発見が含まれることがしばしばあり、それは研究の副産物のようなもので、とてもすばらしいことだ。では、すぐに応用技術につながらない基礎的な生物の研究は価値がないのだろうか。研究費政策などをみる限り、価値がない、あるいは応用開発よりも価値がきわめて低いと考えられているように感じる。実際、すぐに応用技術につながらない基礎研究には研究費を援助する基金や会社が少ない。確かに、新薬などすぐに世界の市場で必要とされ、莫大なお金を得られるような科学技術の開発研究は、誰にでもその重要性を認識することができ、研究の有用性がわかりやすいし、お金を生み出し続けなければならない企業などにとってみればそのことが一番重要かもしれない。しかし、すべての研究がすぐに金の卵を産むわけではないし、金の卵を生む研究のみに科学的価値があるわけではないのも明らかである。研究は積み重ねであり、さまざまな分野で少しずつわかってきたことがあるときにいっきにつながることもある。それに、たとえつながらなかったとしてもそれは人類の知的財産となることに変わりはない。

医療や、農業、世界に売れる技術につながるような応用技術研究以外に価値がないのであれば、地球や人類のたどってきた歴史を解明しようと恐竜の骨や遺跡を発掘したり、新しい貝塚を見つけたりするために土を掘り続ける研究や、人間の生み出してきた文学や芸術に対する理解を深めるためにおこなわれているような研究、人類が今後何百年かかっても行くことができないような何万光年も離れた宇宙の不思議を探ることはまったく意味がないのであろうか。多くの人は、そんなことはないと思っているだろう。すぐにお金につながらないようなことであっても多岐にわたる研究分野を探求できる環境があることが、真に豊かで文化的な環境だと感じる。

貧しい国では、国民の多くが飢え死にをし、子どもが生まれてもすぐに死に、貧しいゆえに少ない食物を争って殺し合いになっている。生きていくのに精一杯な環境下では知的活動、芸術的活動をするのはとても難しい。しかし、日本はあらゆる国の中でもトップクラスにゆとりのある国である。いままでの歴史の中でも、研究、思想、芸術が発展し、昇華したのは安定した豊かな環境下であった場合がほとんどである。

しかし、豊かでゆとりがあるはずの日本はなぜか思考の豊かさに対する重要性の認識が甘いように感じる。日本よりも金銭的には貧しい西欧諸国の方が、研究や学問に対する純粋な豊かさを重要視している。その差がどこから生まれているのかはわからないが、私はそのことをとても寂しく思う。日本では、研究をおこなうための資金を獲得するために、こじつけでも大げさでも、「こういった研究をすると、いろいろな応用技術に役にたち、金の卵を生む可能性があります」と言う。私も、研究資金を得るために申請書によくそういうことを書いてしまうが、それは、なかばやけくそに近い。実際に研究をしている研究者は、応用技術のためだけにその研究をしたいわけではないのだが、そのようなこじつけをしなければ生物学の分野で研究のための資金を得ることが難しいため、応用技術につながる見込みなどない学術的で基礎的な研究の場合にもそのような無理やりな関係付けをおこなうのである。

研究者以外の一般の方に私の研究の話をすると、最後にみんな判を押したように「それって、いったい何に役立つの?」と聞いてくる。それは、応用技術につながらない現象に対しては研究する価値があまりないという認識がここ日本で広く根付いていることを嫌でも実感する瞬間である。一時期は、私も自分のやっている研究がすぐには応用につながらないことに対して後ろめたさのようなものを感じていたし、「○○技術を開発するために頑張って研究しています！」とか「絶滅しそうな野生動物を保護するために研究しています。」とか「世界中の農業を救うために新しい米の研究をしています。」などと言えるようなわかりやすい研究をした方が楽になれると思ったこともある。そうすれば、一般の人や研究費をあてがう政治家などを納得させるのも簡単だし、毎回毎回「何の役に立つの？」という意味のない質問を受けて、ガッカリすることもないだろうと感じていた。

サイエンスとテクノロジーの違い

日本では、「科学（サイエンス：Science）」と「技術（テクノロジー：Technology）」が「科学技術（サイエンステクノロジー）」などという二つが合体した言葉の出現によって混同され、先に述べたような間違った認識が浸透しているのではないかと思う。実際、「サイエンス」と「テクノロジー」はまったく違う意味をもつ。サイエンス（Science）とは、自然界の現象を探求することであり、哲学の一部である。テクノロジーは、社会の要請があってサイエンス（科学）とエンジニアリング（編みだす技術）によって産みだされたものをいう。「サイエンス」のために研究している研究者もいれば、「テクノロジー」のために研究をしている研究者もいる。研究の価値はどちらが上でどちらが下ということはない。しかし、今の日本で研究のための資金や保護を得やすいのは、確実に「テクノロジー」を産みだすための研究である。「テクノロジー」は、すぐに世界の市場で売り買いできる可能性が高く、国や会社が潤う結果となるので、テクノロジーのために資金を投じるのは理にかなっていると思う。しかし、テクノロジーはサイエンスなくしては産みだされない。自然界のさまざまな現象を探求するサイエンスによって、少しずつわかってきたことが、ある瞬間にテクノロジーに結びつくからだ。

サイエンスとテクノロジーの関係は、レストランの料理人とレストランに食材を提供する人との関係に似ている。料理人はテクノロジーのために研究する人で、食材を提供するのはサイエンスのために研究している人である。料理人は食材が揃っていれば一人でもコース料理を完成させることができる。しかし、それらの料理の食材すべてを一人の人が育て、調達することは不可能である。食材の調達には多くの人がかかわり、時間が必要とされるのである。牛を育てて肉をとり、海に出て魚を取り、山へ行ってきのこを採り、数ヵ月かけて野菜を育てる。そして、いくら腕の立つ料理人であっても、食材が調達できなければ料理はできない。そして、料理人が調理したものは、食材の原価の何倍もの値段をつけて売ることができるが、そこで一役かっているのは食材の種類の豊富さである。いくら一流の料理人でも、大根と塩しか食材がなければ、料理は限られてしまうだろう。

それと同じようにテクノロジーには豊富なサイエンスの土壌が必要であり、サイエンスなくしてテクノロジーは発展し得ない。しかし、最近は国の経済状況も芳しくないためか、テクノロジーにすぐに結びつかないサイエンスを研究すること自体制限されてきているように思う。基礎科学を研究するための研究費が削られ、営利を目的としないはずの国の研究所にも、「すぐに金になるようなテクノロジーを開発しろ」とのお達しが下る。基礎科学のための研究費に国の予算を裂くことが、ほとんど利用されることのない道路や橋を作る税金の無駄遣いと同じようにみなされているかのようだ。

なぜ、サイエンスがこんな扱いを受けなければならないのか。私を含め、多くの研究者が基礎科学研究であっても、テクノロジーへ結びつく可能性のある研究だから研究費をだす価値があるんですよ、という論理展開を常套手段にしてしまったからだろうか。生物学の研究者がマスコミなどをうまく使って、サイエンスの重要性を一般に認識させるような努力をしなかったからだろうか。生物学の分野に比べると、宇宙物理学や考古学などの分野の研究者はもっと自分たちの分野の基礎研究の重要性を社会や政治家に認識させせているように思える。一般の人でも、NASA（アメリカ航空宇宙局）の開発研究者と宇宙理論学者のめざしているものは違うことは知っているし、その双方が重要な役割を担っていると知っている。

私は、生物学の基礎サイエンスの重要性がそれのもつ価値に見合う程度に認識されていくことを切に願っているし、そのために自分にできることについても考えていきたいと思っている。

職業としての研究

現在、私は、独立行政法人日本学術振興会の特別研究員という身分で研究をおこなっている。私は大学院生の時から継続してこの特別研究員になっているので今年で6年目である。そして、残念なことに今年でこの研究員の採用期間は終わりである。この研究員制度は個人に対して給料と研究費をもらえるので、所属する研究機関も自分で好きに選べることができ、研究テーマも自由に考えて遂行することができるため、私はこの研究員になれたおかげでこれまで本当に楽しく研究を進めることができた。

ただ、来年からの仕事と職場などについて、どうするかは決めかねている。民間の研究所や国の研究所、大学など研究機関は数多くあるが、私と私の研究を必要としている研究機関はあまりない。もちろん、新しい研究機関でまったく触れたことのない研究をはじめてみるのも良いかもしれない。あるいは、いばらの道かもしれないが、自分の一番興味のある性決定や共生関係についてのサイエンスをきわめていくのもいいだろう。

今はまだ自分の好きな研究を楽しめる環境にいるので、ただ楽しみながら研究をしている。数年前までは、それができなくなるかもしれない将来を想像して、ただひたすらに焦っていた。研究職の就職をするために有利になる論文業績を必死で増やそうとしていた。論文をたくさん出すことにあまりに集中し、必死になりすぎて、そして研究が楽しくなくなった。あまりに楽しくなくなってから、その原因を考えた。その時の私は本来の研究の目的を見失っていた。私にとって研究は楽しいから、知りたいからやっていたことなのに、就職の不安と社会人としての責任を勝手に重圧に感じ、研究を仕事にするということに対するとらえ方が曲がってしまっていた。

研究をしていても、他のことをしていても、心が感じ、思考が解放される時、私は幸せを感じ、快感を味わう。だから、状況が許される時には楽しいと感じる研究を続けていきたいと思っている。

私は生物学の基礎サイエンスの重要性が一般により広く認識されていくことを切に願い、そのために自分にできることは積極的にやっているつもりだ。そして、サイエンスに惹かれて多くの人たちが研究の世界に入り、自分の研究に誇りをもち、自然科学の中でもとくに未知なことが多い生物学を盛り上げていってくれることを願っている。

あとがき

この本は「フィールドの生物学シリーズ」という名のとおり、他の著者の方々は興味深い諸外国での野外調査について書いておられる。しかし、私というと野外調査中心の研究をおこなってきたわけではなく、調査経験が豊富なわけでもない。この原稿ではおもしろい調査研究のくだりがあまりに少なく、研究内容も分子系統や分子遺伝など一般的には親近感が湧きにくい話が多いため、若い頃に思っていたことなどを織り交ぜて、読者の方に身近に感じてもらえるような本に仕上げようと意気込んでいた。しかし、その思いが裏目に出たのか、私の書き上げた最初の原稿は編集者の方々を少々困惑させてしまった。「こんな話を書いていただいて本当に大丈夫なのでしょうか？」、「本の内容から暗くて、怖いイメージがついてしまいそうですが、大丈夫でしょうか？」などと私の今後のイメージについて心配をされてしまったのだ。もちろん、研究生活をしていく間には決して公にできないような出来事に出会うこともあったが、原稿にはもちろん書いていない。書いた内容が公にできることかどうかについては、「大丈夫です」と答えることができた。しかし、本から受ける印象が暗くて怖いという点は見過ごすわけにはいかない。確かに私の思考を構成するある一部は暗くて怖く、普段の生活ではなるべくそのような面を周りに見せないように気をつけてきた。しかし、どうやら一人きりで黙々と原稿を書いているうちにいつもは隠しているような私の一部が露出してしまったらしい。そのような面が本の前面に出てしまうのは私の望みではなく、むしろ避けたいと思っていたことだ。謎が深い生物の不思議を見つけ、その原因を明らかにしていくような研究という作業を私はとてもすばらしいと思うし、今までの私の研究はとてもたいせつに感じている。それがこの本で一番伝えたかったことなのに、読んだ方に、「この本、なんか暗くて怖い」という気持ちしか残らなかったとしたら意味がないので、暗くて怖い印象を与えそうな文章は削ったり、修正したりして、なるべくそのような印象を与えないようにしたつもりだ。

研究とは、事象について正確な情報と確かなデータを集め、そこから自分の思考で考察し、説明をつけるという作業である。そのような作業は自然科学のみならず生活を取り巻くすべての事象に対し一人ひとりがおこなうべきことだとは思うが、そのことに気づくことは至難の業である。私たちの周りでは画一的な意見を流し続けられており、自分の意見だと思い込んでいたものがじつはただＴＶや本で見聞きしたことであったりすることも多く、実際に私も何度もその落とし穴にはまった恥ずかしい経験がある。私の場合は、研究をおこなっていくうちに、蔓延した情報に振り回されるのではなく、自分で情報を集め、自分の思考で考えるくせがついてきたような気がする。そのようなことは一旦、意識をしてしまえば、いがいと容易であり、そこから生まれる思考の解放と高揚感、自分の安定した価値観は何事にも代え難いと感じている。

私は小さいころから研究者になりたかったわけではないし、とくに勉強が好きだったわけでもないので、秀才すぎるゆえの重圧もなく、気楽に成長した。私の周りの研究者には、若いころからずっと研究に憧れがあった人や、研究室に入りたての大学４年生なのに生物学の知識が驚くほど多く、私よりもずっと早い段階で研究というものに対して向き合ってきた人が多かった。私はそのような人たちに比べると、研究の楽しさに目覚める時期がずっと遅く、そして多くの研究者に共通に見られるひたむきさも持ち合わせていないように感じる。しかし、それでも私は私なりに研究を楽しみ、親しんできた。研究の世界に踏み込む前の研究者のイメージというと、小さな頃から秀才や天才であるか、または努力の研究者トーマス・エジソンのようにまじめでひたむきさの塊のような人のことを想像していた。このようなイメージをもっているのは私だけではないと思う。この本で、私のようにごくふつうの性質をもって成長してきたふらりとした人間でも、心ひかれる事象に出会った時に、恋をしたように熱中し、そのことが生物の不思議を解明するきっかけを作ることもあることを知ってもらえればとても嬉しく思う。

最後に、経験の浅い私にとって単行本を一人で書く機会など滅多に出会えるものではなく、その機会を与えてくださった農業生物資源研究所の田中誠二さんに心から感謝いたします。また、破天荒な行動でなにかと騒ぎを起こす私を暖かい目で見守り、研究を続けるために協力し、応援し続けてくれた両親と兄弟、私を取り巻く最愛の人たちにこの本を贈ります。

★共生細菌によるキタキチョウの性転換個体・奇形個体や性比異常について

Narita S, Kageyama D, Nomura M, Fukatsu T (2007) Unexpected mechanism of symbiont-induced reversal of insect sex: feminizing Wolbachia continuously acts on the butterfly *Eurema hecabe* during larval development. Applied and Environmental Microbiology 73: 4332-4341.

Narita S, Nomura M, Kageyama D (2007) Naturally occurring single and double infection with *Wolbachia* strains in the butterfly *Eurema hecabe*: transmission efficiencies and population density dynamics of each *Wolbachia* strain. FEMS Microbiology Ecology 61: 235-245.

Narita S, Nomura M, Kageyama D (2007) *Wolbachia* induces female-biased sex ratio distortion not by feminization in a natural population of the butterfly *Eurema hecabe*. Genome 50: 365-372.

Narita S, Nomura M, Kageyama D (2007) A gynandromorph of *Eurema hecabe* (Lepidoptera: Pieridae). Entomological News 118: 134-138.

Narita S, Kageyama D (2008) *Wolbachia*-induced sex reversal in Lepidoptera. pp. 295-319.(eds. Kostas Bourtzis and Thomas A. Miller), CRC Press.

Kageyama D, Narita S, Noda H.(2008) Transfection of feminizing *Wolbachia* endosymbionts of the butterfly, *Eurema hecabe*, into the cell culture and various immature stages of the silkmoth, *Bombyx mori*. Microbial Ecology 56: 733-741.

陰山大輔 , 成田聡子（2009）チョウの生殖や行動を変える共生細菌ボルバキア．昆虫と自然 44(11):8-12. 10 月号 p. 8-12.

Narita S, Pereira RAS, Kjellberg F, Kageyama D (2010) Gynandromorphs and intersexes: potential to understand the mechanism of sex determination in arthropods. Terrestrial Arthropod Reviews 3: 63-96.

参考文献

★遺伝学、分子遺伝学、分子生態学の考え方・実験法などが早わかりする日本語の本

種生物学会編（2001）「森の分子生態学～遺伝子が語る森林のすがた」文一総合出版

D.L. ハートル / E.W. ジョーンズ（2005)「エッセンシャル遺伝学」培風館

★共生生微生物について書かれている日本語の本

石川統（1994）「昆虫を操るバクテリア(シリーズ共生の生態学)」平凡社

山村則男他（1995）「寄生から共生へ～昨日の敵は今日の友」平凡社

★昆虫を操る共生生微生物についてかなり詳しく書かれている

Bourtzis, K, Miller T.A.（2003）「Insect Symbiosis ～ Contemporary Topics in Entomology」CRC Press

Bourtzis, K, Miller T.A.（2006）「Insect Symbiosis ～ Contemporary Topics in Entomology Volume 2」CRC Press

Bourtzis, K, Miller T.A.（2008）「Insect Symbiosis ～ Contemporary Topics in Entomology Volume 3」CRC Press

★共生細菌ボルバキアについてもっとも詳しい洋書

O' Neill 他（1997）「Influential Passengers」Oxford university press

★キチョウ２系統と共生細菌の共進化について

Narita S, Nomura M, Kato Y, Fukatsu T (2006) Genetic structure of sibling butterfly species affected by *Wolbachia* infection sweep: evolutionary and biogeographical implications. Molecular Ecology 15: 1095-1108.

Narita S, Nomura M, Kato Y, Yata O, Kageyama D (2007) Molecular phylogeography of two sibling species of *Eurema* butterflies. Genetica 131: 241-253.

成田聡子 , 野村昌史（2006）共生微生物ボルバキアの感染と分子系統解析―明らかになったキチョウ２種のダイナミックな進化プロセス , [昆虫と自然], 4 月号 , pp13-16.

成田聡子 (2009) 東アジアにおけるキチョウの分子系統学的研究 . 昆虫と自然 44(13): 21. 12 月号 p.21 .

垂直伝播　5, 8, 18, 24, 42, 117
水平感染　5, 8, 24
スピロプラズマ　24
スプライシング　108, 110-113
性決定遺伝子　90, 102-104, 108, 109, 111-113
生殖隔離　35, 37, 47
生殖細胞　20, 21
性転換　19, 22, 23, 42, 66, 73, 80-84, 86, 90-98, 103, 108-112, 114-117
性ホルモン　23, 90, 102, 113
セックスリーサル　102
象皮症　14
造雄腺　23
相利関係　8
相利共生　2, 6

た
ダブルセックス　102, 107
単為生殖　7, 19-21, 25, 42, 80, 81, 91
ダンゴムシ　7, 22, 23
腸内細菌　15-17
ツェツェバエ　6, 12
適応度　8, 9
転写生成物　111
伝播方法　8, 10
トランスフォーマー　102
トリパノソーマ　12

な
内部共生　4, 7, 8, 42, 72
内部共生微生物　4-8, 12

は
配偶子　20, 21
倍数性単為生殖　20, 21
倍数体　19, 20, 22
バクテロイデス・プレビウス　17
ハチ　7, 19, 20, 24
バンクロフト糸状虫　14
半数性単為生殖　19, 20
半数体　19, 20
微胞子虫　24
ヒメハダニ　7, 20
フィラリア線虫　13
ブフネラ　9, 10, 18
ブラタバクテリウム　11
プレスリリース　65-67, 98
分子系統樹　36-38, 44, 45
ポリメラーゼ連鎖反応　72

ま
マメ科植物　2, 3, 78
マルカメムシ　6, 10
マレー糸状虫　14
ミトコンドリアＤＮＡ　36, 39, 40, 43, 45, 46, 47

や
雄性化ホルモン　23
有性生殖　20
ヨコバイ　7, 22, 23

ら
リケッチア　20

索引

欧文
apomixis　21
Bacteroides plebeius　17
Blattabacterium　6，7
Buchnera 属　9
doublesex　102
dsx 遺伝子　103-114
Eurema hecabe　35
Eurema mandarina　7，22
fitness　9
Ishikawaella capsulata　6，10
male killing　23
mRNA　111
mRNA 前駆体　111
mutualism　2
Onchocerca volvulus　13
ＰＣＲ法　72，73
river blindness　14
ＲＮＡウィルス　24
Serratia 属　18
Sex-lethal　102
symbiosis　2
transformer　102
Wigglesworthia 属　12
γ- プロテオバクテリア綱　10

あ
アザミウマ　7，19
アブラムシ　6，9，10，18
アフリカ睡眠病　12
アポミクシス　21
イソギンチャク　2，3
遺伝　5，8，17，22，37，39，42-45，49，57，70，81-83，90-93，102-115，123
遺伝子浸透　45-47
イントロン　111
オス殺し　23，25，42，73，80-83，91，100
オナジショウジョウバエ　7，26

か
回旋糸状虫　13
外部共生　4
核ＤＮＡ　39，40，43-46
河川盲目症　14
カルディニウム　20
寄生　2，6，13，14，18，20，137
キタキチョウ　7，22，23，25，26，35-38，44-47，72-78，80，83，84，90，91，94，96，103-105，108，109，112-115，117
キチョウ　23，35-38，41-48，53，55-57，61，70-73，81，84，108，110
共生　2-18，20-27，41-43，49，53，55，60，61，66，70-73，78，80，82-94，90，91，94，95，97，98，100-112，114-117，121-123，131
極体　21
クマノミ　2，3
系統推定　39
減数分裂　21
後期型オス殺し　7，23，24
光合成産物　2，4
ゴキブリ　6，10，11
根粒菌　2-4

さ
細胞質不和合　7，25，26，42，43，47，49，84，87，91，93，115
細胞内共生細菌　41，42，71，72，83
宿主　2，3-8，10-12，16，18-20，22-26，41-43，49，61，66，71，72，83，84，90-95，97，98，100，103，110-112，114-117，122，123
宿主生殖操作　8
初期型オス殺し　7，23，24

著者紹介

成田聡子（なりた　さとこ）
2007年　千葉大学大学院自然科学研究科博士課程修了　博士（理学）
現在　独立行政法人日本学術振興会特別研究員として農業生物資源研究所勤務
血液型：O型/趣味・特技：ヨガ・ピアノ・家具加工・絵

挿絵・イラスト

成田芳久（なりた　よしひさ）
青森県生まれ。NTT（日本電信電話株式会社）でネットワーク系技術職を経て退職。
血液型：O型/現在の趣味: 絵画と昼寝

陰山大輔（かげやま　だいすけ）
2002年　東京大学大学院　博士課程修了　博士（農学）
1998年以来　現代美術家協会　新人賞受賞をはじめ、さまざまな公募展で入選。
現在　農業生物資源研究所　主任研究員。

フィールドの生物学⑤
共生細菌の世界—したたかで巧みな宿主操作—

2011年6月5日　第1版第1刷発行

著　者　成田聡子
発行者　安達建夫
発行所　東海大学出版会
〒257-0003　神奈川県秦野市南矢名3-10-35
TEL 0463-79-3921　FAX 0463-69-5087
URL http://www.press.tokai.ac.jp/
振替 00100-5-46614
組版所　株式会社桜風舎
印刷所　株式会社真興社
製本所　株式会社積信堂

ISBN978-4-486-01844-5

丸山宗利 編著	森と水辺の甲虫誌	A5変	三三六頁	三二〇〇円
伊藤嘉昭 著	琉球の蝶 —ツマグロヒョウモンの北進と擬態の謎に迫る—	A5変	一二〇頁	二八〇〇円
大島長造 著	生物時計の遺伝学	B6	二六四頁	二九〇〇円
大阪市立自然史博物館 大阪自然史センター 編著	鳴く虫セレクション —音に聴く虫の世界—	A5	三五〇頁	二八〇〇円
青木淳一 著	ホソカタムシの誘惑	A5変	二〇〇頁	二八〇〇円
田中誠二 他 編著	休眠の昆虫学 —季節適応の謎—	A5	三四〇頁	三二〇〇円
藤崎憲治 田中誠二 編	飛ぶ昆虫、飛ばない昆虫の謎	A5変	二八四頁	二八〇〇円

ここに表示された金額は本体価格です．御購入の際には消費税が加算されますので御了承下さい．